雪茄新规则

THE NEW RULES OF CIGAR

69 条超实用的雪茄百科小知识

重新认识雪茄

四川中烟工业有限责任公司　编著

图书在版编目（CIP）数据

雪茄新规则 / 四川中烟工业有限责任公司编著 .
－－北京：华夏出版社有限公司，2021. 11（2023. 1 重印）
ISBN 978－7－5222－0193－1

Ⅰ. ①雪… Ⅱ. ①四… Ⅲ. ①雪茄－基本知识 Ⅳ. ①TS453

中国版本图书馆 CIP 数据核字（2021）第 207312 号

雪茄新规则

编 著 者 四川中烟工业有限责任公司
责任编辑 霍本科
封面设计 史琦宇

出版发行 华夏出版社有限公司
经　　销 新华书店
印　　装 三河市万龙印装有限公司
版　　次 2021 年 11 月第 1 版　2023 年 1 月第 2 次印刷
开　　本 787×1092　1/16 开本
印　　张 15. 5
字　　数 140 千字
定　　价 98. 00 元

华夏出版社有限公司　社址：北京市东直门外香河园北里 4 号
邮编：100028　网址：www. hxph. com. cn
电话：010－64663331（转）
投稿合作：hbk801@163. com

若发现本版图书有印装质量问题，请与我社营销中心联系调换。

《雪茄新规则》编委会

专业编审

赵屹峰

主　编

段　炼

副主编

尹健康

编　委

张建伟　喻志军　赵　伟

卢海军　黄光俊　董　杰

撰　稿

段　炼　郝棠棣　荷赛·卡斯特罗（美国）

统　筹

来绍谦

插画作者

谢燕清

平面设计

刘　慈

封面设计

史琦宇

目录

第三章 关于雪茄店的规则 152

雪茄新规则 THE NEW RULES OF CIGAR

ENJOY GREAT CIGAR TIME

美妙时光

时间是世界上最珍贵的东西，享受美妙时光是人类的共同追求。

当你决定与一支雪茄为伴，并决心安静地品味它，

就意味着一段美妙时光即将开始了。

每一支优质手工雪茄来到你的指间，

都要经过 200 多个步骤的辗转以及时间的历练。

从精耕细作到阴干加工，

从发酵醇化到严格质检，

再到精心包装，每一支制作精良的雪茄都凝聚着无数人的心血和创造力。

好的雪茄不可一日而成，

好的时光也不可轻易获得。

一支雪茄，一段时光，认真享受，才能品味出绝世精妙。

雪茄新规则 THE NEW RULES OF CIGAR

<<<< 前言

亲爱的雪茄，让我们重新认识你！

烟草的栽培可以追溯到几千年前。居住在墨西哥尤卡坦半岛的美洲原住民可能是最早种植烟草的民族。在玛雅文明的历史文献中，就有关于享用烟草的记载。玛雅文明衰落之后，四处流散的玛雅人又使烟草从中美洲扩散到整个美洲地区。而在当时，烟草除了用于抽吸，还用于宗教祭祀活动。但是雪茄具体是什么时候被人类创造的，现在已无从考证，可以明确追溯的历史只到 1492 年。

抽雪茄并不是简单的抽烟，而是一种感官鉴赏活动，需要有一定的经验和学识，掌握一定的技巧。关于抽雪茄，你可能会有这样的印象：在环境优雅的雪茄吧里，一个成熟稳重的中年男性从雪茄盒中取出一支雪茄，熟练地剪掉茄帽，并用专用打火机点燃……不可否认，在很长一段时间里，抽雪茄确实是一件颇具仪式感的事情，但是进入 21 世纪以来，这种最早被享用的烟草制品开始发生一些让人欣喜的变化：越来越多的年轻人开始加入雪茄爱好者的行列，优质手工雪茄更加受到欢迎，很多人家里有了专用的雪茄柜甚至雪茄保湿房，雪茄店的数量也正在各地成倍增长。雪茄的市场更大了，品种更多了，口味也更丰富了。现在我们可以在更多的场所、更好地享受雪茄，雪茄在烟草产业和文化中的地位和重要性也在日渐提升。对全球雪茄爱好者来说，这无疑是一个雪茄的新时代，一个全新的黄金时代已经到来！

只要你身在城市，就能发现雪茄店，而你身边也有朋友是雪茄爱好者。这不是偶然事件，它有着更大的现实意义：这是雪茄在国内市场的普及与发展趋势。因此，我们希望《雪茄新规则》这本书能带你领略雪茄世界的奇妙之处，我们对这种出现最早和品质最好的烟草制品怀有极大的敬意，并对它未来的发展充满期待。无论你是雪茄初尝者，还是仅对雪茄感兴趣，现在都是成为一名雪茄爱好者的最佳时机。

在本书编撰的过程当中，我们在“长城优品”“长城茄园”“今日头条”等新媒体报道了大大小小的雪茄故事。此外，我们也深度调研了长城雪茄厂，到访了国内外著名的雪茄吧、雪茄种植园，参加各种国际雪茄节。我们与国内外的众多雪茄爱好者一起，在雪茄生产地和消费市场中追寻雪茄的故事。近十年来，我们接触到全球业界最顶尖、权威、新颖的知识，看到了大家的需求，最终编撰出这本《雪茄新规则》。

我们将在本书的 69 条规则中与你分享以下内容：关于雪茄的通用规则、抽雪茄的规则、雪茄店的规则以及未来的雪茄新规则，其中也包括一些建议和小贴士。它并不是一本教你成为雪茄专家的书，更多的是让你知道应该用什么样的心态去看待雪茄和抽雪茄。我们相信这本书将激发人们对雪茄的新一轮热情，但我们最希望它能给你带来一点点的满足感或收获，或许是一种对人生的感悟，或许是发现生活中更多的乐趣——就像一支完美的雪茄，能让人类对它的渴望超越对一般烟草的渴望。

雪茄新规则 THE NEW RULES OF CIGAR

一、关于雪茄的通用规则

第 1 条规则

雪茄源自一种茄科植物

一支雪茄，可以开启一段美好的感官体验之旅，而踏上这段旅程，是从一颗小小的茄科植物种子开始的。一颗细小的雪茄烟叶种子，落地生根，在人类的精心“照顾”之下，长出绿油油的硕大的叶子，这些叶子被收获、分拣、精选、熟成、醇化、加工，最终决定了雪茄的外观、品质和口感。在全面了解雪茄知识之前，我们首先应该明白雪茄烟叶是一种茄科植物，这是认识和了解雪茄的原点。

雪茄烟叶并不像我们想象中那样神秘，它和我们生活中司空见惯的一些蔬菜——比如马铃薯、茄子、西红柿等等一样，都属于茄科植物。雪茄烟叶的种子非常细小，比芝麻粒还小，呈浅咖色或深咖色。种子在成长为烟叶之前，通常先在温室里的托盘上进行精心培育。随后种子开始发芽生长，待幼苗长到 13~15 厘米左右高时，才被移植到适合雪茄烟叶生长的沃土之上。对雪茄而言，生命的起点是从土地开始的，燃尽后的寸寸余灰最终又归于土地。从事雪茄产业的人以及那些真正热爱雪茄的人，都对土地有着一种由衷的敬畏：土地是雪茄的母亲，亦是雪茄的灵魂。

在全面了解雪茄的有关知识之前，我们应该首先明白雪茄烟叶是一种茄科植物，这是认识和了解雪茄的原点。

雪茄烟叶是一种夜属植物。顾名思义，它们在晚上或者光线昏暗时才进行“活动”，一切的“活动”（各种反应和营养运输等）都是为了完成它们的首要任务——生长。哥伦布发现新大陆前，烟草主要生长在赤道附近地区，因为那里全年昼夜等长，这对夜属植物的生长十分重要。过短的夜晚，例如北欧的夏季，既不能促进烟草生长，也不能促进它们的代际进化。

研究雪茄烟叶的农学家们，近年来开始提出和强调“风土”的概念，他们普遍认为：风土，对雪茄的品质起了决定性作用。“风土”是一个综合性词汇，它包含影响农业种植的多种属性，比如气候、土地、地形、生物多样性等等。雪茄烟叶对土壤、气候和其他环境因素是十分“挑剔”的，世界上仅有极少数地区具备出色的风土条件，能够种出高品质的雪茄烟叶，例如古巴、多米尼加、洪都拉斯、尼加拉瓜以及中国的四川什邡、海南等地。

雪茄烟叶最高可以长到 2 米以上，主茎上面交错生长着大如蒲扇且有黏性的烟叶，一般来说，叶片的长度超过 40 厘米，宽度则在 20 厘米以上。有些烟叶的植株上还盛开着淡紫色的“烟草花”，形状类似牵牛，有几分恬雅，十分美丽。上乘的雪茄烟叶拥有光滑漂亮的纹理，叶脉较细且十分平整，色泽均匀，油分充足，弹性十足。

雪茄烟叶与很多农作物一样，是一年生植物，每年烟叶收获后，烟农都要将烟草植株连根铲除，重新进行育种和播种，年年如此。

延展阅读：风土的概念

影响植物生长的基本参数实际上体现在风土的概念中。“风土”一词最初在法国葡萄酒产业中被重点提出，它是影响农业种植的多种属性的组合，这些属性定义了独特的生长环境。可以这样理解：风土是定义和影响特定区域农业生产的所有特征与特性。风土的特征可以分为四个主要类别：气候（与气象有关）、土地（与土壤有关）、地形（与自然景观有关）和生物多样性。

了解风土中的元素对于传统农业尤为重要。气候、土壤、地形与生物多样性所描述的因素定义了一个地区的特性，并直接影响着植物的总体发展，特别是雪茄烟叶的发展。

雪茄烟叶主要种植于北纬 60 度至南纬 40 度之间，它们喜欢生长在温带、亚热带和热带地区。但就经验来看，在热带和亚热带气候地区的国家，雪茄烟叶的品质和产量似乎表现更好，与温带地域相比，这里的环境、湿度、日照时间和夜晚的长度，更适合雪茄烟叶的生长。

世界上主要的优质雪茄烟叶种植区

国家	地区
古巴	西部地区，最著名的是比那尔德里奥省的下维尔它（Vuelta Abajo）优质烟草区
多米尼加	圣地亚哥附近的锡瓦奥（Cibao）河谷地区
洪都拉斯	分散于全国，主要集中于丘陵地带
尼加拉瓜	距洪都拉斯边境不远的埃斯特利（Esteli)和康德加（Condega）地区
墨西哥	墨西哥城附近的圣安第列斯山谷图斯特拉（San Andres Tuxtla) 优质烟草区
厄瓜多尔	分散于全国，各产区面积偏小
美国	康涅狄格谷地，从哈特福德北部延伸到马萨诸塞州
巴西	巴伊亚州（Estado de Bahia) 的瑞坎卡沃（Reconcavo) 盆地优质烟草区
喀麦隆	贝特城（Batcheng）优质烟草区
印度尼西亚	苏门答腊（Sumatra）优质烟草区
中国	四川（什邡、达州）、湖北（恩施、十堰）、云南、海南
菲律宾	卡加延（Cagayan）河流域优质烟草区

“如果天堂里不能抽雪茄，那我是不会去的。”

—— 马克 · 吐温，美国作家

雪茄烟叶这种植物的微妙，还体现在一个独特性上：它无法移植和百分百复制。如果将某地的种子带到另一处种植，长出的烟叶在风味上也与它的原产地有所差异。即便是在同一片产区，坡上与坡下，河左岸与河右岸，在风味上也存在着细微的区别。

雪茄烟叶也不能自然生长，它们必须由人工种植，必须经过大自然的洗礼与人类汗水的呵护。当一支优秀的雪茄被我们点燃，我们应心怀感激：一颗微小的烟草种子，生根发芽，经过沃土培养，时间沉淀，在合适的阳光、温度和湿度里，感受着飘然而至的雨，穿行而过的风，人的耕作和汗滴，鸟的亲吻和歇息，还有无数与它做伴的人的悲欢和气息 ...... 所有这些，凝聚在一片又一片叶子里，最后经过塑造，来到我们手里，在燃烧的时刻迸发出力量，这是一种福祉。

“风土”是一个综合性词汇，它包含影响农业种植的多种属性，比如气候、土地、地形、生物多样性等等。

第 2 条规则

雪茄是最早也是最好的烟草制品

雪茄是一种经调制、发酵、醇化等处理的烟叶制作成的纯天然烟草制品，这是目前相对来讲最为准确的定义（各国对雪茄的定义并不相同）。对于雪茄的起源，玛雅人有一种浪漫的解释：“雪茄是诸神创造的，神明为了给自己带来味觉上的特殊享受，创造了这种神奇的植物——烟草。在电闪雷鸣之时，诸神点起火，为自己点燃一支雪茄。”因为这一解释，后来有一个广为人知的神话故事：普罗米修斯的兄弟是最早的抽烟者。传说他将烟草和树叶扔在普罗米修斯盗来的火种上，青蓝色的烟雾随之升腾而起，随即他用禾秆抽吸，这可能是最早的烟草品鉴活动了。在信奉特勒思弗洛斯(Telesphorus) 的人中，这种烟气缭绕、神话般的爱好，因为具有某些疗效甚至促生了早期的医疗团队和神灵崇拜。

位于现今墨西哥尤卡坦半岛上的美洲原住民，是有文献可考的世界上最早种植雪茄烟叶的族群。在玛雅文明的历史文献中，就有关于享用烟草的记载。玛雅文明衰落之后，四处流散的玛雅人又使烟草的种植经验从中美洲扩散到整个美洲地区。而在当时，烟草除了用于抽吸还用于宗教祭祀活动。

但这也不一定就是雪茄烟叶最早的种植起点。虽然最早种植雪茄烟叶的地域已无从追溯，但所有的考证都指明了雪茄烟叶是世界上最早被种植的烟草作物。

烟草界早有一个无可争辩的共识：雪茄烟叶是迄今为止最好的烟草作物。也正因如此，雪茄才被认为是“烟草制品皇冠上的宝石”，是烟草世界的精华和顶峰。雪茄烟叶对气候、土壤、栽培、种植、加工工艺的要求也是所有烟草作物中最高的。正如第1条规则中提到的，雪茄烟叶是一年生茄科植物，因此每年都需要重新育种、养护土壤和改良，在环境气候有所改变的年份，还要进行必要的人工干预。

经过发酵后的雪茄烟叶，能够将时间的魅力和精华演绎到极致，这是雪茄有别于其他烟草制品的最显著特征。我们在抽雪茄的过程中，丝毫感受不到任何人工香气和怪味，只有纯天然烟叶产生的醇厚丰满香气和馥郁悠长的回味。这是因为，从烟叶种植到卷制成雪茄的整个过程中，不会使用任何化学添加剂，就连卷制所必需的黏合剂也是纯天然的（比如玉米胶、马铃薯胶等）。

如今的雪茄已经被赋予太多的内涵，这种最优质的烟草产品背后，有着丰富的文化内涵、讲不完的故事以及最严谨的品鉴礼仪。雪茄带给我们的，已经不仅仅是一种让人陶醉却又难以言传的美妙

享受了，它还是一种精神、一种风尚、一种态度、一种力量，富有哲学道理，在今天这个快速发展的时代，雪茄是比以往任何时候都更具时尚气息的选择……

虽然最早种植雪茄烟叶的民族和地域已无从追溯，但所有的考证都指明了雪茄烟叶是世界上最早被种植的烟草作物。

延展阅读：雪茄与卷烟的分水岭

在 1854 年的克里米亚战争中，英国和法国士兵从奥斯曼土耳其士兵那里学会了用纸把烟丝卷起来抽烟的方法，香烟在战争中得到普及，然后由此传播到世界各地。因此，学术界一般认为，在克里米亚战争以后卷烟才真正开始普及，此前则完全是雪茄和烟斗的世界。1853 年古巴发明了苏西尼卷烟机，不过这是一种简易的充填式卷烟机，每分钟仅生产卷烟 60 支左右。1883 年，美国邦萨克设计出了每分钟能够生产 250 支卷烟的机器，卷烟从此开始进入规模化生产。

第 3 条规则

雪茄最早是在古巴被发现的

伟大的哥伦布在 1492 年发现了美洲新大陆，进而发现了雪茄，这是人类有记载，可追溯的雪茄历史起源。其实，哥伦布远航探险与当时的中国也有着千丝万缕的关联。1298 年，威尼斯探险家马可 · 波罗成了热那亚人的俘虏，他向狱友讲述了他在中亚和中国令人兴奋的旅行经历。这些夸张的陈述唤起了欧洲大陆对东方世界的兴趣，从而最终间接导致了美洲新大陆和雪茄的发现。

1492 年 10 月 12 日，在经过 70 天艰苦的航行之后，哥伦布终于横跨大西洋来到了美洲。他在航海日记中这样记载道："我从古巴东部地区海河（今称希巴拉）小海湾附近指挥勘察内陆后，有两名水兵正在返回主船，他们是罗德里戈 · 德 · 谢雷斯和卢卡斯，四天来他们正在完成一项使命，与当地土著人一道探讨关于热那亚水兵认为卡塔伊王国或西播戈王国（现今中国和日本）的部分地区是否可能有黄金……"这虽然并不是欧洲人第一次登陆美洲，但却触发了欧洲与美洲的第一次交流，引发了此后两个大洲之间的持续接触，并最终影响了全世界。而在这一著名的历史事件中，地球上的一种重要农作物——烟草，准确地说，是雪茄烟叶，也在偶然中被发现了。哥伦布在新大陆找到了比金子更富力量象征的东西——雪茄。

哥伦布在美洲大陆的第一站是巴拿马的一个岛屿，当时他把它命名为圣萨尔瓦多，直到今天，那里依然叫这个名字。离开圣萨尔瓦多以后，哥伦布继续航行到了古巴，他依照惯例派出两个水手上岸打探情况。这两个水手，一个叫罗德里戈·德·谢雷斯，一个叫卢卡斯。他俩上岸后发现，古巴的岛民们把一些晒干的叶子用棕榈叶或玉米叶包裹起来，卷成筒状，随后点燃一端，用嘴巴吸另一端，接着，带有香味的烟雾从口中喷吐出来，在空气中形成漂亮的烟圈。这是有记载以来，雪茄第一次出现在西方人的视线里。

哥伦布对雪茄一点也不感兴趣，然而罗德里戈·德·谢雷斯却觉得抽雪茄是一件很神奇的事，他在几天里就学会了抽雪茄，并且很喜欢这种放松、愉快的感觉。后来他回到西班牙，还经常在人们面前表演抽雪茄。

发现了美洲的哥伦布归来之后，凯旋的队伍在塞维利亚和巴塞罗那拥堵的大街上游行，展示着无数稀世珍宝。罗德里戈·德·谢雷斯在人群面前表演抽雪茄，但他的表演却让人们感到恐惧。没过几天，西班牙宗教法庭就判定罗德里戈·德·谢雷斯有罪，罪名是：魔鬼赋予了他吞吐烟雾的邪恶力量。这一罪名使罗德里戈·德·谢雷斯获刑 7 年之久。

“雪茄是我生命中的一部分。
它是枪，它是道德，某些时候帮助我战胜自己。”

——切·格瓦拉，古巴革命领导人，阿根廷革命家

但是3年后罗德里戈·德·谢雷斯就被释放了。因为3年后，雪茄已经开始在欧洲王室和贵族圈层里流行起来，接着又传播到了平民阶层。雪茄，这一重要发现，足以让人们记住哥伦布，足以让人们铭记1492年和古巴群岛。但今天，作为喜欢雪茄的人们，也应该感谢罗德里戈·德·谢雷斯，他有一双热爱生活、善于发现的眼睛，正是这双眼睛，让我们今天有幸与雪茄为伴。

雪茄，这一重要发现，足以让人们记住哥伦布，足以让人们铭记1492年和古巴群岛。

第 4 条规则

雪茄是一种全球化的奢侈品

雪茄在世界范围内的流行是从西班牙宫廷开始的，这也是雪茄全球化和奢侈化的开始。西班牙国王费迪南德七世是当时最著名的雪茄爱好者，他颁布法令鼓励雪茄生产，倡导平民百姓也可以品尝和享受雪茄，这一举动影响了欧洲王室和贵族阶层。19 世纪，英国国王爱德华七世也酷爱雪茄，在他积极努力的推动下，抽雪茄迅速成为一种生活潮流，在欧洲大陆蔚然成风。

走进一家雪茄店，会看到来自各国的雪茄：古巴、多米尼加、墨西哥、洪都拉斯、荷兰、中国……这些雪茄虽然产地和包装迥异，但打开包装盒以后，一支支雪茄看起来几乎都是一样的。尽管如此，我们向你保证，每一支雪茄确实都是不同的东西。

的确，在 21 世纪，雪茄的日常消费已经促成了一种发达成熟的商业网络。雪茄的生产和卷制过程可能发生在离你数千公里之外的农场和庄园，雪茄烟叶在那里被农民们种植、精心加工和处理，被购买并出口，然后装进巨大的货船。它们会被送到距离最近的主要港口，作为烟叶原料被售卖给远在千里之外的雪茄工厂，或者作为成品发送给世界各地的雪茄经销商。

从烟叶到一支雪茄的旅程存在无数变量，从运输设施到环境温湿度，再到错综复杂而死板的进口关税网络，设备故障、进出口过程中的延误……任何一步出现差错，都可能让它在途中遭受难以预料的损失。每抽一支雪茄，我们都该感到幸福和幸运，它跨越重洋和高山，躲过所有的变数，来到我们手上，这真是一个奇迹！请相信，抽雪茄正是你每天做得最“全球化”的事情。

时至今日，雪茄已经成为奢侈品王国中不可或缺的门类，其本身和周边产品的范围也都在不断扩展。与雪茄相关的产品越来越多，与雪茄进行衔接、跨界合作的行业也越来越多，这些全球化带来的变迁，也正在影响和改变雪茄产业。

每抽一支雪茄，我们都该感到幸福和幸运，它跨越重洋和高山，躲过所有的变数，来到我们手上，这真是一个奇迹！

如今在世界每个角落，雪茄客都能惬意地品味雪茄之美，这与现代社会发达的物流、数字化营销网络息息相关。古巴、多米尼加、尼加拉瓜、厄瓜多尔、巴西、印度尼西亚、中国、美国等地的烟叶经过加工发酵之后，来到全世界不同工厂进行再加工和卷制，最后通过商业营销网络和快速物流来到你所在的地区，最终被你选中享用。的确，雪茄从来就不存在绝对本土化的概念，而是全球通力分工协作的产物。

加勒比

亚洲

第 5 条规则

美国是目前全球最大的雪茄消费市场

美国的雪茄市场在上世纪 70 年代后迅速崛起，它逐渐成为世界第一雪茄消费大国。19 世纪初，雪茄已经成为美国上流社会的奢侈品。因为当时美国社会的重税政策，雪茄的价格极其昂贵。直到 19 世纪 70 年代，随着美国减税政策的推行，雪茄的价格才逐渐降低，从而有力地促进了雪茄在普通大众中的普及。

美国雪茄的产量在这一时期表现出成倍增长的趋势。但是这种兴盛到了一战前期开始衰落，随之而起的是香烟的风行。到 1959 年，卡斯特罗在古巴建立了社会主义国家之后，因政治原因，古巴雪茄受到美国的封锁，最后在美国市场几乎销声匿迹。上世纪 80 年代，美国卷烟销量开始下降，而雪茄的销量则大幅度提升。到了 90 年代，许多名人、政客、时尚界人士开始带动雪茄流行风潮，甚至一般的大众都喜欢上了雪茄所带来的乐趣，雪茄销量进一步增长，而一批优秀的雪茄专业媒体，例如创立于 1994 年的《雪茄迷》（*Cigar Aficionado*）杂志，也在这一时期纷纷出现。此时，雪茄制造商不失时机地向人们推出他们的产品，而来自多米尼加、尼加拉瓜和牙买加等地区的雪茄同样具备了挑战古巴雪茄品质的实力，这些风格各异的雪茄为市场提供了丰富的选择，对美国雪茄市场的崛起起到了一定的推动作用。进入 21 世纪，跨国烟草公司对美国雪茄市场的兴趣越来越浓厚，来自欧洲的瑞典火柴公司和帝国烟草

美国现在已成为全球最大的高档手工雪茄消费市场，全球高档雪茄的消费有 68% 是美国贡献的。

集团先后通过企业并购，在美国雪茄市场进一步增强了影响力。2007 年，奥驰亚集团以 29 亿美元的价格收购约翰 · 米德尔顿（John Middleton）雪茄公司，以弥补其在美国境内卷烟销量的下降。近十年来，美国雪茄市场逐渐被少数几家跨国公司瓜分，其中市场份额占比最高的是阿塔迪斯公司。

2020 年全球手工雪茄销量达到 5.2 亿支，其中美国销量为 3.613 亿支，约占全球总销量的 69%。自 2003 年以来，美国雪茄市场每年以 4%~6% 的速度增长。美国现已成为全球最大的高档手工雪茄消费市场，全球高档雪茄的消费有将近 70% 是美国贡献的。在美国，年人均手工雪茄消费量已达到 1 支以上。

近几年来，美国雪茄媒体对古巴雪茄的宣传明显增多，从境外旅游、黑市进入美国市场的古巴雪茄也有所增多，但有迹象表明，目前美国雪茄消费者的口味已形成鲜明的风格，偏爱浓烈、多地区烟叶混合风味的雪茄，对各种雪茄的接受度也正在增强。同时，高档手工雪茄在美国市场份额中的比重越来越大，罗布图和公牛成为美国消费者最钟爱的尺寸，机制雪茄也蔚为流行，芳香型和特殊风味的雪茄正在持续大幅度增长，拥有广阔的市场前景。

Davidoff
Encore
PEREZ
CARRILLO

villiger
PREMIUM

第 6 条规则

拉丁美洲是全球主要的雪茄生产地

雪茄烟叶的种植史是从拉丁美洲开始的，拉丁美洲一直以来就是全球最主要的雪茄生产基地。直至今天，虽然世界上有许多地区种植雪茄烟叶，但能够种植优质深褐色茄衣烟叶的地区还仅限于拉丁美洲和加勒比海、中国海南一带和西非等地。虽然烟叶的遗传基因很稳定，但由于土壤与气候的差别，在不同地区用相同种子种植和生产的雪茄烟叶品质却不尽相同。全球较为知名和主要的产地国家包括：古巴、多米尼加、尼加拉瓜、洪都拉斯、巴西、墨西哥、厄瓜多尔等。

在拉丁美洲一众种植雪茄烟叶、生产雪茄的国家中，经过近几十年来的长足发展，从产量和出口量来看，古巴、多米尼加、尼加拉瓜和洪都拉斯被公认为世界四大雪茄原产地。

雪茄烟叶的种植史是从拉丁美洲开始的，拉丁美洲一直以来就是全球最主要的雪茄生产基地。

古巴共和国

雪茄是从古巴开始进入环球视野的。古巴肥沃的红土地、丰沛而适当的降雨量、得天独厚的气候优势、悠久的行业发展史以及无可替代的自然条件和人文环境，使得古巴雪茄成为天赐的礼物，在过去三百年中令其他国家难以匹敌，也让古巴收获了全球雪茄爱好者们狂热的喜爱和追逐。虽然古巴雪茄已被禁止出口美国长达半个多世纪，但这并不影响它在世界上依然拥有最高的声誉。古巴雪茄最具影响力的品牌包括：高希霸、蒙特克里斯托、帕特加、乌普曼、好友蒙特利、罗密欧与朱丽叶等。

多米尼加共和国

多米尼加共和国位于古巴的东南，有着与古巴相似的气候和土壤结构，但国土面积不足古巴的 1/2。卓越的地理条件以及美国对古巴禁运政策的影响，吸引了众多非古雪茄品牌落户于此，多米尼加的雪茄产业逐渐兴旺繁荣。全世界最大的雪茄工厂塔巴克莱拉 · 加西亚（Tabacalera de Garcia）就坐落于多米尼加的拉罗马纳（La Romana），负责生产非古版蒙特、乌普曼等品牌的雪茄。北部地区还有大卫杜夫、富恩特、卡里罗、多米尼加之花等雪茄品牌的生产基地。

尼加拉瓜共和国

尼加拉瓜也是重要的雪茄生产国，炎热干燥的气候和众多的火山谷地，令烟草口感浓郁、辛辣，形成了明显的风格。现在，越来越多的雪茄选择添加尼加拉瓜烟叶调配茄芯，以增加雪茄的风味和浓郁度。尼加拉瓜最具代表性的品牌是乔亚 · 尼加拉瓜、帕德隆、老爹雪茄、AJ 费尔南德斯等等。

“雪茄会让你变得更酷，
抽雪茄的时候是真正享受属于自己的时间。”

——阿诺德·施瓦辛格，美国演员，他在综艺节目中
为大家演示抽雪茄的正确方法时如是说

洪都拉斯共和国

1502年，哥伦布发现洪都拉斯的时候，也发现已经有当地土著人在抽雪茄了。据相关文献记载，洪都拉斯的玛雅人在科潘省种植雪茄烟叶的历史已经有好几个世纪了，有考古学家在洪都拉斯甚至发现了距今2500年前的雪茄遗存。1977年，大卫杜夫看中了洪都拉斯的气候风土条件，在这里建厂生产雪茄并大获成功。除大卫杜夫以外，通用雪茄公司等也在洪都拉斯建厂。洪都拉斯著名的雪茄品牌包括CAO、卡马乔、非古版潘趣等。浓郁且味感丰富的烟草让洪都拉斯的雪茄产业迅速崛起，成为全球著名的雪茄产地。

全世界最大的雪茄工厂Tabacalera de Garcia就坐落于多米尼加的拉罗马纳（La Romana），负责生产非古版蒙特、乌普曼等品牌的雪茄。

延展阅读：拉丁美洲雪茄制造业概况

国家	产量（万支）	主要品牌	风格
古巴	26000	高希霸（Cohiba）、蒙特克里斯托（Montecristo）、帕特加(Partagas)等27个品牌，均属哈伯纳斯集团经营	中等浓郁至浓郁，烟灰灰黑分层，层次、风味变化明显，带有明显的古巴地域风土特征
多米尼加	24000	大卫杜夫（Davidoff）、卡里罗（E.P.Carrillo）、富恩特（Arturo Fuente），非古版高希霸、帕特加、唯佳（Vegafina）等	中等浓郁至浓郁，烟灰多呈银白、灰白色，均衡感好，混合多地区烟叶，呈现多种风味
尼加拉瓜	26000	帕德隆（Padron）、AJ 费尔南德斯（AJ Fernandez）、乔亚・尼加拉瓜（Joya De Nicaragua）、廓尔喀（Gurkha）、老爹雪茄（My Father）、奥利瓦（Oliva）等	中等浓郁至浓郁，烟叶产地靠近海边和火山谷地，盐分略高，矿物质丰富，新茄力度强且略辛辣。经过不断的土地改良，风味变化日趋丰富
洪都拉斯	8000	卡马乔（Camacho）、CAO、哈瓦那（Havana）等	中等浓郁，烟叶品质和特征与尼加拉瓜相似

编者注：以上数据截至2020年12月，数据参考文献：《哈伯纳斯年度报告》《美国雪茄产业协会年度报告》《多米尼加共和国 PROCIGAR 年度消息》《通用雪茄公司年度报告》等。

第 7 条规则

中国是全球最大的新兴雪茄生产地和消费市场

毫无疑问，今天的中国已经成为全球最大的新兴雪茄生产地和消费市场了。

其实雪茄传入中国的时间并不短。明朝中期，雪茄经过西班牙殖民地菲律宾吕宋岛，从福建沿海地区流入中国内地。当时的中国人叫它“淡巴菰”，是 Tabaco 的音译。

1574 年，明神宗万历二年，青年才俊林凤正率领几十艘战船从台湾开赴菲律宾，帮助那里的人民抵抗西班牙殖民者。双方在吕宋岛展开激战，而那里正是西班牙人带着古巴烟草种子在东方最早种植雪茄的地方。之后，林凤正的船队人员在吕宋岛久居，将种植雪茄烟叶的种子和方法带回了四川，这便是中国进行雪茄种植的开端。

1806 年，纪大奎任四川什邡县知县。他“又禀销烟行部引，以绝奸徒垄断其利”，可见当时什邡地区烟草种植业的繁荣，这为后来 1918 年创立的益川工业社奠定了原料基础。在四川什邡，雪茄烟叶的种植历史长达 400 余年，清朝末年至民国时期，那里的小型雪茄生产作坊多达上千个。但中国第一个真正意义上的雪茄工厂则是由什邡人王叔言创办的益川工业社，也就是今天长城雪茄厂的前身，1918 年也被认为是中国雪茄产业工业化发展的元年。

中国此时进入民国时期，这一时期是近代影视作品中添加雪茄戏份最多的年代，尤其是涉及当时上海滩风云题材的电影，都能看到雪茄的身影。如果说清朝是雪茄在中国的发展期的话，雪茄也只流通于达官贵人或涉外关系之中，范围极窄。到了民国时期，中国大量的财富和资源转向资本家，雪茄也随之更多地流入民间富贵阶层，这一时期，更多的人知道了雪茄，雪茄传播更为广泛。

但好景不长，随着中国开始抗日战争、被卷入第二次世界大战，中国开始蓬勃发展的雪茄行业被迫停滞。上世纪 40 年代后，中国雪茄行业几乎进入了一个绝迹时期。等到迎来重启行业的时候，已经是 1958 年。那一年，贺龙元帅亲自为“长城”品牌命名，这是最能代表中国人精神世界和文化底蕴的符号，元帅希望长城雪茄能够以卓绝的品质赢得世界的赞美，让世界品味大国的风度、风骨与风谊。

今天中国已经是全球最大的新兴雪茄生产地和消费市场了。

经过一甲子的风云际会和长足发展，今天的中国已经拥有四家大型专业雪茄工厂，即四川中烟长城雪茄厂（代表品牌“长城”）、安徽中烟蚌埠烟厂蒙城雪茄烟生产部（代表品牌“王冠”）、湖北中烟三峡卷烟厂 / 雪茄厂（代表品牌“黄鹤楼”）和山东中烟济南卷烟厂 / 雪茄厂（代表品牌“泰山”）。其中，长城雪茄厂是亚洲

“一根精挑细选出来的雪茄使人们时刻准备好与生活做残酷斗争。蓝色的袅袅烟雾，用一种神秘的方式消除了人们所有的忧虑。”

——季诺·大卫杜夫，大卫杜夫品牌创始人

地区规模最大的雪茄工厂，同时也是世界单体规模最大的雪茄工厂，目前手工雪茄年生产能力已超过 2000 万支。预计在未来五年内，中国手工雪茄的年产能总和将超过 1 亿支。

近几年来，中国雪茄的品质提升极快，部分中高端雪茄产品的品质已达到国际一流水准，多次在国际第三方专业评选中获得高分，其中长城（GL1 号）获得了 95 分的优异成绩，是国产雪茄参加国际盲评的最高分。目前，中国雪茄的品质开始趋于成熟稳定，调配和卷制水平提升很快，质量管控水平大大超越了古巴、多米尼加等地区的雪茄工厂。同时，在产品风味上也基本自成体系、自成特色，更符合亚洲人的口感需求。

中国不仅拥有制造高品质手工雪茄的能力，也拥有世界上最巨大的雪茄消费市场，上升潜力无限。截至 2020 年，根据古巴哈瓦那集团的销售数据，大中国区已经在 2020 年超过西班牙，成为哈瓦那雪茄在全球的第一大市场。鉴于中国的人口数量、综合消费能力、市场活跃度、发展速度以及雪茄文化环境的成熟度，中国已成为继美国和欧洲之后的第三个重要雪茄生产地和消费市场，是全球最大的新兴雪茄生产地和消费市场。今天，我们应该有理由相信：在不久的将来，就像众多领域一样，中国极有可能超过美国成为全球第一大雪茄消费市场。

益川工业社复原图

中国已成为继美国和欧洲之后的第三个重要雪茄生产地和消费市场，是全球最大的新兴雪茄生产地和消费市场。

第 8 条规则

好的雪茄都有一个好的品牌故事

雪茄有着悠久的历史、鲜明的地域文化和众多百年家族的传承做支撑，从而形成了一种特殊的烟草文化，有着讲不完的品牌故事。世界上所有成功的雪茄品牌都有一个极具特色的品牌故事，正是这些故事让其品牌精神和特色更令人印象深刻，同时极大丰富了雪茄文化的内涵。

最让人津津乐道的品牌故事大多与世界上杰出的领袖人物有关，比如古巴旗舰品牌高希霸和中国雪茄领军品牌长城 132 系列。

20 世纪 60 年代，那是古巴烟叶收成最好的几个黄金期之一，正在为国事熬夜操劳的卡斯特罗收到了最信任的警卫长兹卡送来的一支雪茄，习惯了在烟雾中思考的他很快就发现这支雪茄的美味与众不同。经过询问他才知道，这是卷烟大师爱德华多 · 里维拉精心制作的，从此以后他便让爱德华多作为他的“御用”雪茄师，专门负责为其制作这种雪茄。

最初，卷烟师被安排在一个由旧的乡村俱乐部改造的小型卷烟厂内制造雪茄，其制作的雪茄除了提供给卡斯特罗外，也作为古巴政府的外交礼品被送给各国总统和外交使节。这些雪茄没有品牌，上面通常会印上受赠人的名字以代替标签。直到 1966 年，有人依

“一根好雪茄能够关上这个世界卑劣行为的大门。”

—— 弗朗兹 · 李斯特，匈牙利作曲家

据古巴民族女英雄西利亚 · 桑切斯和爱德华多的一次谈话内容，提出将这种雪茄命名为高希霸（Cohiba）——这正是哥伦布首次抵达古巴时，当地的印第安人对于雪茄的一种称呼。这个名字无疑给这款雪茄增添了一丝神秘的色彩，而只为领导人享用和作为国礼的至高荣誉也正契合了这种神秘感。于是，高希霸，一个关于雪茄的神话就这样诞生了。

而伟大领袖毛主席与长城雪茄的故事则是另一段传奇。1964 年，毛主席患了感冒，抽烟后咳嗽加重，贺龙元帅当时去探望主席，看到这一情况后便提议让主席尝试用什邡雪茄来替代卷烟，并推荐说“抽什邡卷制的这种雪茄，咳嗽症状会得到缓解。”于是毛主席用什邡雪茄替换了长期以来抽的卷烟，短短几天后咳嗽症状便明显减轻，从此他便爱上了这种产自益川烟厂（现四川中烟长城雪茄厂）的雪茄，并经常向人介绍什邡雪茄的妙处。

考虑到主席的身体健康，同时也为了更好地解决中央首长的抽茄问题，中共中央办公厅决定成立一个专为主席等中央领导制作特供雪茄的工作组。当时工厂共研制了 35 个雪茄样品送至北京（其中 13 号和 2 号雪茄是被选定的两个配方的编号，因此这支专业的雪茄小分队后来也被称为“132 小组”），毛主席选定的是 2 号雪茄，

“1号（雪茄）是属于人民的。”

——毛泽东，伟大的无产阶级革命家

当时有人向毛主席推荐1号雪茄，但毛主席回答道“人民才是第一”，随后便选定了2号雪茄，把1号永远留给了中国人民。小组成员都是四川什邡技艺高超的师傅，1971年之后，经中共中央办公厅建议，132小组正式迁至北京，将制作雪茄的地点设在南长街80号，对面就是门牌号为81号的中南海。

2号雪茄因风味和口感出色，深得毛主席喜爱，秘制配方被完整地保存了下来。若干年后，为了还原这款优秀的2号雪茄，长城雪茄厂付出了极大的努力。在原有的132秘制发酵法基础上进行了创新升级，同时也延长了烟叶的醇化时间，在发酵过程中使用白酒熏蒸、花茶水浸泡和桂皮酒浸润等特殊工艺，令雪茄的醇香、柔和度、风味和口感得到了进一步的升华。这便是“132秘史”的由来，也是长城雪茄经典代表作“132秘制”真实的发展历程和其背后的传奇故事。

还有一类雪茄品牌故事主打家族情怀，往往通过家族经历过的特别故事来宣扬家族精神、产品品质和品牌文化内核，比如大卫杜夫、富恩特、卡里罗、威力加、丹纳曼等等。

大卫杜夫品牌的创始人季诺·大卫杜夫，是乌克兰基辅人，后为躲避战乱随父母移居瑞士日内瓦。大卫杜夫的所有品牌故事都围

绕着季诺的经历和际遇展开，他本人也足够传奇，曾在拉美地区游历 5 年，曾与古巴国营烟草仅通过口头约定就开始合作生产雪茄，曾创造性地发明了世界上第一个步入式雪茄保湿房。作为老板、公司的实际控制人，季诺发挥了灵魂人物的作用，而季诺的故事也让全球雪茄爱好者着迷，从某种意义上来说，季诺成了大卫杜夫品牌的超级形象符号和代言人。

还有一类雪茄品牌故事主打家族情怀，往往通过家族经历过的特别故事来宣扬家族精神、产品品质和品牌文化内核。

第 9 条规则

雪茄烟叶都是人工种植的

我们知道，雪茄烟叶一直都是由人类种植的，但直至今日，我们才开始像对待酿酒师和厨师一样尊重雪茄烟叶的种植者。“如果我们关心雪茄的味道，那我们也应当关心它是如何生长和被谁种植的”，因为这样才合乎逻辑。

雪茄烟叶拥有自己独特的种植方法，且需要人工种植，而这也导致了异常繁重的工作。

雪茄烟叶对环境条件的要求极为苛刻。由于根部脆弱，烟叶对土壤的依赖和需求更高，烟株要在松散的土壤内才能生长繁茂。因此，在种植前，种植者需按照特定的方式以特定的深度仔细犁耕数次。此外人工“养土”也是雪茄烟叶产区的一大任务。烟叶的生长耗费了土地大量的营养，必须实行轮作，要让土壤适当“休息”，隔年才能种植烟叶。休息期间，可轮种土豆、花生等作物，这种做法可以让土壤回归肥沃的状态。

近年来，改良土壤也成为各个雪茄烟叶种植大国的一项重要工作。比如，近十年来，尼加拉瓜一直努力持续改良土壤，尼加拉瓜雪茄的品质也随之逐渐提升，在国际雪茄贸易中的表现越来越突出。

在烟叶生长过程中，需要经常对每株烟叶经常进行检查，包括除草、除虫，剪掉横枝及拔除花蕾，这是要保留养分给烟叶，使烟叶能够长得更大。此外，收割烟叶也是一项艰巨的任务，每片烟叶必须要人工摘下，通常每次采摘只能从烟株上摘取两三片叶子。而且一株烟叶还需间隔数日、多次采摘才能采完。另外，烟叶收获后，还要人工将烟株连根铲除，重新进行育种和播种，每年如此。这是一项人类与大自然相互配合、浑然合一的事业，阳光的滋养、土壤的养分、自然的能量、人类的智慧全都灌注在了一株株雪茄烟叶上。

第 10 条规则

所有雪茄烟叶的种植者和卷烟师都值得尊敬

雪茄烟叶种植者也被称为“烟农”，实际上他们都是农业工作者。我们常常把“农业是微妙的科学”这句话挂在嘴边，就是想强调风土和人类智慧在农产品的培育方面所起的巨大作用。听起来可能有点不可思议，但雪茄其实就是农产品的一种。

烟农的工作是异常繁重的，每株烟株在生长季节需要照看 150 次以上。在他们看来，每株烟株上的每片叶子都至关重要。你可能不知道，每一支优质的雪茄都要由 200 双以上的手付出劳作，烟叶在生长的每一天都被倾注了种植者大量的精力、心思和劳作。

卷烟师是任何一家雪茄工厂的核心人物，尽管其他烟草工人和烟草专家也很重要，但卷烟师直接影响着雪茄最终的外观呈现、烟叶风味的层次感以及吸阻的大小。雪茄的卷制是一门精妙的艺术，卷烟师要有均匀平衡的手感和力度，才能卷制品质极尽完美的雪茄，他们双手的纯熟是任何机器无法相比的，这便是手工雪茄独特与珍贵之处。卷烟师卷制烟叶严谨认真，因为他们不想浪费前面烟叶种植者及烟草工作者的辛苦付出。我们应该像看待酿酒师、咖啡师、厨师、甜点师一样看待卷烟师，正是他们的辛苦付出才成就了雪茄的绝妙风味！

“每根雪茄最后都归于烟雾。”

——巴西谚语

这也解释了为什么卷烟师的培训和成长时间是所有烟草工人中最长的。虽然各个工厂会稍有不同，但平均也需要一年左右的时间，只有经过不少于一年的专业培训和实践之后才能成为一名合格的卷烟师，即便面对不规则形状的雪茄烟叶，也能准确无误地卷制出完美的雪茄。当然，这仅仅是通过一年的培训使之成为一名合格的卷烟师，而要成为一名技艺精湛的卷烟工艺大师，可能就需要十年、二十年，乃至一生的历练了。人们经常有这样的疑问，一个经验丰富的卷烟师一天可以生产多少雪茄？这当然取决于雪茄尺寸的大小，但更多还是取决于雪茄形状本身。例如卷制一支科罗纳（Corona）雪茄就比一支金字塔雪茄（Pyramid）或一支所罗门雪茄（Salomones）简单些。但如果卷工不行，即使交货量高也没什么用，卷工不合格的雪茄将面临淘汰。一般来说，一个优秀的卷烟师每天大约可卷制120~150支类似科罗纳规格且质量一流的雪茄。

通过一年的培训仅仅是使之成为一名合格的卷烟师，而要成为一名技艺精湛的卷烟工艺大师，可能就需要十年、二十年，乃至一生的历练了。

我们对雪茄的热爱之中，也理应融入对雪茄烟叶种植者和卷烟师的真诚敬意。如果你是雪茄爱好者，那么除了心存感激，也请不要浪费雪茄，这一支支高品质的雪茄，蕴含了雪茄烟叶种植者和卷烟师们太多的辛劳和付出！

延展阅读：烟农的一年

让我们了解种植！

1. 烟株在松散的土壤内生长繁茂，因此，在种植之前，土地必须按照特定的方式以特定的深度仔细犁耕数次。为避免土壤僵化，仍沿用人工或牲畜牵引翻耕的办法。

2. 育苗在专门的育苗温室中进行，其中可以控温控湿还能防风防雨。育苗时采用漂浮育苗或湿润育苗的方法，幼苗在具有充足水分和营养液的苗床上生长。

3. 45 天之后，烟苗达到 13~15 厘米高以后，就可以挑选健壮幼苗移栽到大田生长了。

4. 大田生长 18~20 天后，将土壤堆积在植株底部周围，促使其长出强壮的根部。

5. 当植株均达到预期高度时进行打顶操作，即将顶部的花芽去除，使烟株内营养物质向叶片转移，促进叶片的生长。

6. 去除顶芽将导致侧芽疯长。烟农必须反复多次将侧芽去除，避免浪费营养物质。

7. 特殊劳作

茄衣烟叶一般采用阴植法，即在茄衣烟叶幼苗移栽入大田前，需要在田地上方搭建遮阳设施，以减少茄衣烟叶在生长过程中吸收的太阳光，这样茄衣烟叶才能具有叶片薄、叶脉细的特点。此外，灌溉也极为重要。植株必须在需要的时候获得适量的水分。

8. 生长中获得醇香

阳光在烟叶的生长中具有神奇的作用，能赋予烟叶丰富的香型。将特定的烟叶用作茄芯烟叶，可使雪茄具有不同的风味。

9. 逐叶收获

户外种植约 40 天后，收获开始了。这是一项艰苦的工作，因为每片烟叶都要用手采摘。每次采摘之间还要等候数日。每棵植株的收获需要近 30 天才能完成。烟叶须自下而上采摘，并保持一定间隔，这样在两次采摘的间隔期内，植株剩余的叶片可以继续生长。遮光生长的植株较高，叶片也较多，因此需要更多的采摘次数。

中国雪茄之乡

第 11 条规则

雪茄烟叶的种植方法决定其作用

一支雪茄的茄衣、茄套、茄芯分别由不同类型的烟叶制成，从种植开始它们就有着不同的生长环境。用于雪茄茄衣的烟叶通常采用阴植法，即在日照充足强烈的地区，在烟叶生长过程中，将遮阳网（布）置于烟株上方以使烟叶接受较少的阳光直射的种植方法。阴植法可以提高烟叶的品质，主要表现在烟叶薄、叶脉细、质地柔软，以满足制作茄衣需要。而用作茄套和茄芯的烟叶则采用阳植法，即烟叶生长在阳光下。茄套一般采用主茎中间或偏下部位的烟叶，这种烟叶含氮物质适中。茄芯烟叶则种植在阳光更为充足的地方，因为接受了充足的日照，它们往往才能拥有浓郁丰厚的口感。

茄衣品质关系到雪茄的外观是否漂亮，因此对茄衣烟叶的要求最为严格。优质的茄衣烟叶，要求叶片宽大、薄而轻，叶脉细且平，有良好的弹性、韧度和油分，颜色均匀亮泽。而茄芯决定了雪茄的大部分风味和口感层次，因此往往使用不同香味类型的烟叶组合而成。很多雪茄制造者把茄芯的混合方法当作最高机密一样保护起来，由此也就不难理解了。

无论是阳植法还是阴植法，植株上不同位置的叶子在风味上都存在区别，不同部位的烟叶组合在一起，构成了雪茄变幻丰富的味道。

可以说，雪茄烟叶的种植方法决定了它们的用途。但有一点需要记住：无论是阳植法还是阴植法，植株上不同位置的叶子在风味上都存在区别，不同部位的烟叶组合在一起，构成了雪茄变幻丰富的味道。

延展阅读：雪茄烟叶的类型与用途

种类	作用	组成与特点
茄芯	香味、香气的主要来源	淡叶：它的燃烧性很好，具有一级香气浓度
		干叶：产生芳香的最重要的烟叶，具有二级香气浓度
		浅叶：缓慢燃烧，具有三级香气浓度
茄套	缠绕在茄芯外面，保持雪茄形状并改善吸感	对外观的要求不高
茄衣	提供赏心悦目的外表和令人舒适的“甜”味	阴植法栽培，轻薄柔软，平整光滑亮泽，拥有良好的韧性和弹性

雪茄的结构

雪茄头部一般是封闭的，雪茄底部是烟叶截面。

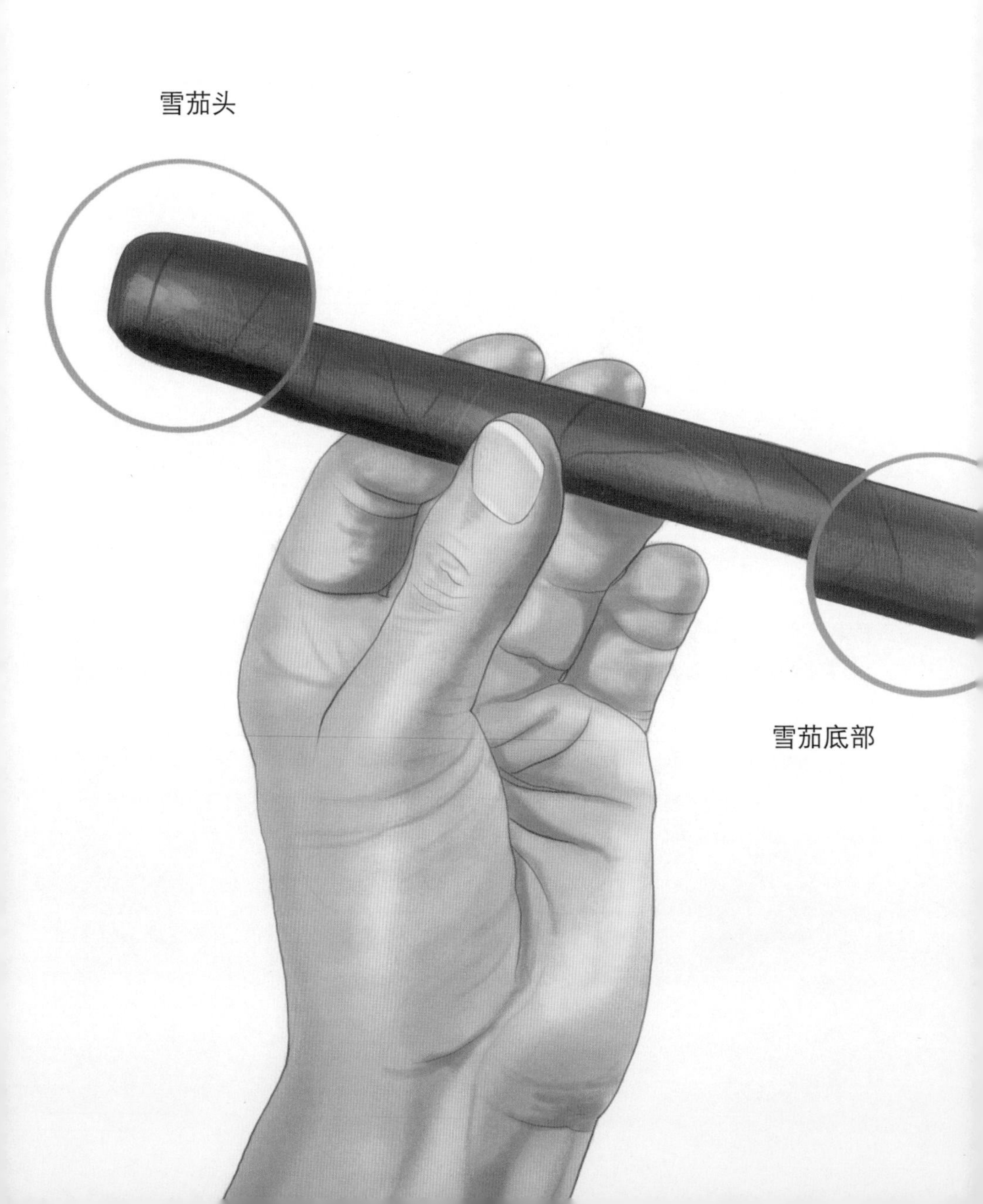

一支雪茄由茄芯、茄套和茄衣组成。

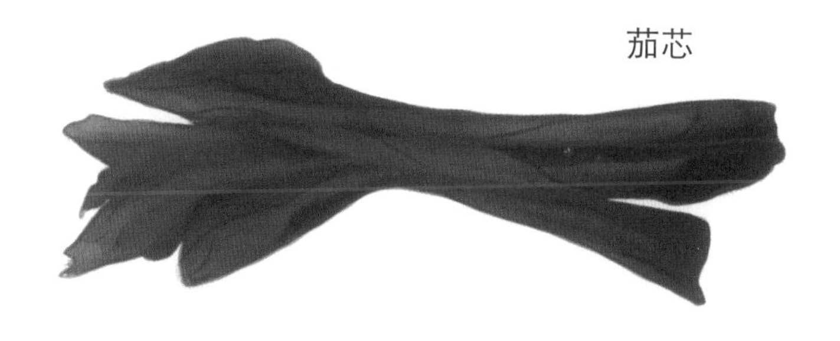

第 12 条规则

雪茄烟叶的发酵至关重要

在制作雪茄的所有秘密里，最吸引人的部分就是发酵和醇化的过程。雪茄烟叶一般要经过至少两次的自然发酵，卷制完成后还要在温湿度适合的空间里进行醇化，其实也是一种发酵的过程。

第一次发酵通常在烟叶调制（即晾制）后进行。调制后的烟叶被捆扎成束，然后由农场送至分拣室。在那里，烟叶成堆放置并覆盖棉布，在烟叶水分的作用下，进行完全的自然发酵。

第二次发酵通常在烟叶进行分选和分级之后，主要是对茄芯和茄套烟叶进行发酵。这次发酵时间比第一次更长，较厚的上部烟叶发酵时间最长，较薄的下部烟叶耗时则短一些。

第二次发酵之后，将茄芯与茄套烟叶放置在架子上晾干数日，然后捆扎并运送至仓库，在那里与茄衣烟叶一同进行漫长的醇化处理。口味最浓的烟叶醇化时间最长，口味最淡的醇化时间最短。如同美酒，烟叶醇化成熟的时间越久口味越佳。

所谓醇化就是通过长时间的持续发酵，让雪茄烟叶达到最佳的谐调状态。越是优良的雪茄烟叶，醇化过程对其浓烈程度和味道影响越大。雪茄烟叶使用前仍一直处于醇化状态，在这缓慢的发酵过

“白日梦乘着一根优质雪茄，香气萦绕的烟雾腾飞。”

——盖哈德·丹纳曼，丹纳曼品牌创始人

程中会发生气味与口感的变化，演变出更为精彩的风味。从化学角度看，发酵过程中发生了许多反应。发酵过程中的氧化反应使蛋白质分解为氨基酸并减少氮元素（亚硝酸盐和亚硝胺）的含量，色素和多酚也被氧化，叶子内部的残余糖（碳水化合物）和淀粉都在微生物的作用下分解释放二氧化碳和氮气。发酵过程还可以减少产生不良气息的物质，降低酸度和焦油、尼古丁的含量，令烟叶品质更加醇美，茄衣烟叶的颜色匀化。

直到今天，人们对于烟叶发酵的过程还没有完全了解，很难分析出每一种微生物和化学成分对雪茄的口感各自发挥着怎样的作用。每一个雪茄制造商都有自己的发酵体系，这是他们能制造出独特口感雪茄的终极秘密。

发酵过程还可以减少产生不良气息的物质，降低酸度和焦油、尼古丁的含量，令烟叶品质更加醇美，茄衣烟叶的颜色匀化。

第 13 条规则

雪茄可以分为手工雪茄和机制雪茄

从制作方法上来区分，雪茄通常会分为两大类：手工雪茄和机制雪茄。除此之外，还有一种半手卷雪茄。这是在手工卷制雪茄的基础上借助简单的卷胚工具以提升卷制效率、促进品质一致的一种方法。

手工雪茄采用长芯叶作为茄芯，由经验丰富的雪茄卷制工在定型器等简单的工具辅助下卷制而成。机制雪茄由内到外全部由机器制造，使用短芯叶作为茄芯，由机器卷胚、机器上茄衣。机制雪茄根据茄衣材质可以分为天然茄衣机制雪茄和薄片茄衣机制雪茄。

手工雪茄和机制雪茄的最基本区别在于其茄芯是长茄芯还是短茄芯。当我们提及雪茄的组成结构时，往往会说到“长茄芯”和“短茄芯”的概念，两者究竟有何区别？这是很多爱好者心中的疑问。其实简单来说，长茄芯指的是完整的叶片，而短茄芯指的是切碎的烟叶。

其实简单来说，长茄芯指的是完整的叶片，而短茄芯指的是切碎的烟叶。

长茄芯 (Long filler)，专业西班牙语名字为 Tripa，其茄芯烟叶的长度通常与整支雪茄长度一致。大多数优质的手工雪茄都采用长茄芯，以维持雪茄呈现出丰富的风味与层次变化。长茄芯雪茄燃烧后，其烟灰也非常扎实，这也是优质手卷雪茄的特征之一。短茄芯

长城雪茄烟厂
GREATWALL CIGAR FACTORY

“一个人涉足政治，就得穿蓝色夹克衫，戴上红色领带，为什么不多点创意，拿上一支上等的雪茄呢？”

——阿诺德·施瓦辛格，美国演员

(Short filler)，专业西班牙语名字为 Picadura 或 Chop，主要是用于生产机制雪茄。短茄芯的烟叶是被切碎过的，因此呈现出不规则形状，因为空隙更多，相比起长茄芯手工雪茄，它燃烧更快，且形成的烟灰普遍松散，同时由于结构上的短板，雪茄的整体风味与层次变化也不明显，往往口味单一，缺少变化。

机制雪茄只要将调配好的烟叶加入雪茄卷胚机中（此过程与香烟制作过程极其相似），覆上一片完整的茄套，然后加上茄衣，裁切即成。

另外，在口味调配上，机制雪茄也与手工雪茄有着极大的区别。机制雪茄由于在制作上更加标准化，口味可以添加更多流行口味，如香草、咖啡等，更适合大众化市场。而手工雪茄则具有独特的配方和工艺，烟叶经过长时间发酵和醇化，再由经验丰富的技师卷制而成，体现烟草天然的风味，品鉴的时候还可以分辨出不同的味道和层次。

机制雪茄

- ☑ 采用短芯甚至碎烟叶
- ☑ 全部由机器制造生产
- ☑ 部分添加香味剂

手工雪茄

- ☑ 采用优质长茄芯烟叶
- ☑ 茄衣质量佳
- ☑ 从种植到卷制、包装都是纯手工制作，步骤超过 200 个
- ☑ 纯天然烟叶组成，有独特的配方，味道变化明显，风味醇美

第 14 条规则

颜色深的雪茄味道不一定浓郁

一般来说，雪茄茄衣颜色越浅代表口味越淡；反之，茄衣颜色越深则口味越浓。但是，这也不是完全绝对的，深色茄衣因为经过深度发酵，同时含糖量较高，有时口感会出人意料地温和；同样，浅色雪茄也可能异常地强烈。“茄衣颜色越深的雪茄味道越浓”这条规则曾经被记录在诸多旧雪茄文献中，但这一提法在今天看来绝非完全正确。随着发酵技术的发展和越来越多的烟叶品种的出现，雪茄茄衣的颜色已经不能直接代表它的浓郁程度了。

这一点可以在许多雪茄身上得到佐证。比如高希霸贝伊可（BHK）雪茄，它属于极其浓郁的雪茄，但茄衣颜色呈浅金黄色，比高希霸马杜罗 5 系列的浓度高，可是茄衣颜色则要浅很多。再比如长城的牛年生肖版雪茄，茄衣呈浅黄色，但浓郁度较高，尾段的力道强劲。素有“古巴最浓烈雪茄”之称的帕特加系列雪茄，茄衣颜色在一众雪茄中也并不算深色系，但其浓郁度超过很多深色系雪茄，口感丰厚浓烈。

随着发酵技术的发展和越来越多的烟叶品种的出现，雪茄的颜色已经不能直接显示它的浓郁程度了。

延展阅读：茄衣颜色的分类

茄衣的名称以它们的种植方式、收获方式或原产地来命名，颜色则可以根据深浅来分辨。不同的雪茄茄衣呈现出不同的颜色。雪茄制造商对茄衣颜色的划分有几十种，每一种之间都呈现细微的差别，这种极小的差别甚至不易被人直观感知。不过，通常来说茄衣颜色可以归为 7 大类。

青褐色 Candela/Double Claro

这类茄衣烟叶十分稀有，选用的是采摘时还未完全成熟并尽快阴干的烟叶，常见于美国康涅狄格地区，它没有经过长期的发酵处理，外表呈青褐色。

浅褐色 Claro

这类茄衣烟叶外表呈淡黄色。它通常在阴凉处生长，由于收割较早，因此烟叶的干燥速度比较快。

中褐色 / 自然色 Colorado Claro/Natural

这类茄衣烟叶外表呈浅咖啡色。它通常在阳光充沛的环境下生长，在古巴和多米尼加共和国，很多茄衣烟叶都属于此类。

暗红褐色 Colorado /Rasado

这类茄衣烟叶呈浅咖啡色，并略带微红色调，质地相较于 Colorado Claro/Natural（中褐色 / 自然色）来说更为油滑，味道一般来说也更加浓郁。

深褐色 Colorado Maduro

这类茄衣烟叶呈棕色，一般来说香气与味道呈中等浓度。在古巴和洪都拉斯，这类烟叶较为普遍。

偏咖啡的深褐色 Maduro

这类茄衣烟叶呈深深的棕褐色，通常在阳光充沛的环境中生长，质地较厚，同时发酵时间也较长。

近黑色 Oscuro/Double Maduro

这类茄衣烟叶呈近似黑色的棕褐色，多生长于在洪都拉斯、尼加拉瓜、多米尼加、巴西等地。一般来说，它的浓郁度比 Maduro 更强，但也并不绝对。

第 15 条规则

香气和味道是雪茄的精髓所在

很多人对雪茄最为深刻的直观感觉是冲击力极强的浓烈气味，是的，雪茄的精髓就在其芬芳的香气和浓郁的味道。点燃一支雪茄，你首先嗅到的是雪茄的香气，吸入口中，就会感受到雪茄带给你不同味道。通常情况下，香气和味道是不能截然分开的，它们共同构成了不同雪茄的风味和特色。

过去有些专家写过雪茄品鉴，内容多是围绕雪茄的香气和味道来进行描述的，这些语言甚至比美食品鉴用语更加富有诗意，诸如“如香裹挟着蜜味席卷而来”、“花香与烤坚果的味道在尾段趋于统一，释放出全部的力量，惊艳升华”这样的描述。看到这些诗意化的描述后，许多人会迸出一个问题：为什么我没有感觉到那么多美妙的味道呢？道理其实很简单：雪茄是燃烧的享用品，同时又是最纯粹、最复杂的烟草制品，它不同于任何食物、花果、美酒，因此你用它们的香气和味道来形容都是不完整的，同时雪茄又是极具个性化、极具个体感受的奢侈品，每一支雪茄哪怕同一品牌、同一批次也许都有差异，而每一个人的感受更可能是仁者见仁、智者见智的个体体验，没有办法同一个标准的具体的食物、花果、酒饮的味道来评判或者描述，因此关于雪茄品鉴新的规则是：分为五个维度，以香气和味道为主，只论好坏，不作具体描述。

只要你抽雪茄的时候感到松弛、舒适、美好，那就足够了，因为雪茄总是能够给我们带来最纯粹、最简单的快乐。

“烟草是一种使思想变成梦想的植物。”

—— 维克多 · 雨果，法国文学巨匠

当然，如果你执意于具体的描述，我们也在本节后提供了一个图示供你参考，但有一点请记住：无论你是否能尝到这么多丰富的味道，你都没有必要执着于品出所有的味道，一支雪茄能带给你的味感有时候是只可意会不可言传的，只要你抽雪茄的时候感到松弛、舒适、美好，那就足够了，因为雪茄总是能够给我们带来最纯粹、最简单的快乐。

吸阻	香气	味道	浓度	燃烧	总体质量
正常	完美	完美	浓郁	完美	完美
稍松	好	好	稍浓	好	好
稍紧	可以接受	可以接受	适中	可以接受	良好
过松	一般	一般	稍淡	一般	一般
过紧	差	差	淡	差	差

雪茄风味轮！

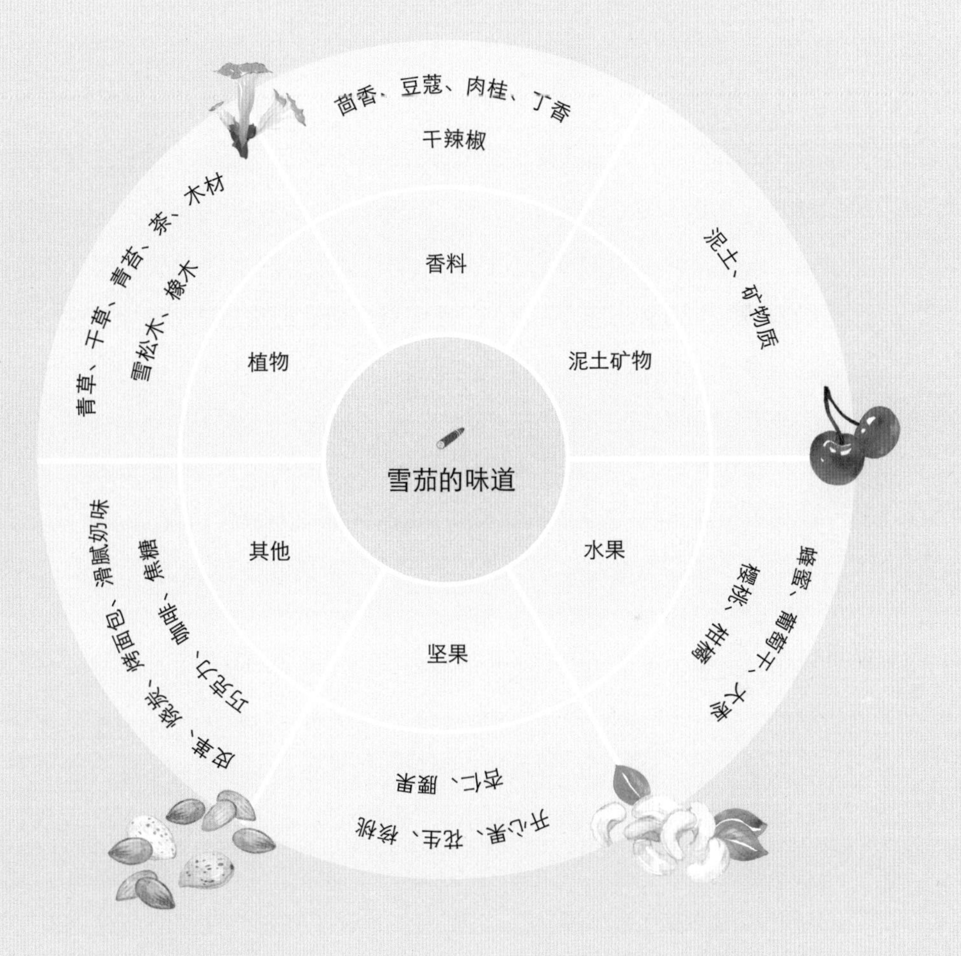
雪茄的味道
香料
泥土矿物
水果
坚果
其他
植物
茴香、豆蔻、肉桂、丁香
干辣椒
泥土、矿物质
蜂蜜、葡萄干、大枣
樱桃、柑橘
开心果、花生、核桃
杏仁、腰果
皮革、烧烤、烤面包、滑腻奶味
巧克力、咖啡、焦糖
青草、干草、青苔、茶、木材
雪松木、橡木

第 16 条规则

温度和相对湿度是雪茄养护的关键

我们知道，雪茄卷制出来以后都要经过一段时间的存储养护，最基本的要求是不能低于 42 天，有极个别高端品牌在卷制完成以后，醇化养护的时间甚至长达 10 年以上才计划上市销售。另外，你购买雪茄回来之后，不可能一下子就将所有的雪茄都享用完，这个时候，也面临雪茄如何养护的问题。

通常情况下，雪茄需要保存在“双 70”的条件下，即相对湿度应该调节在 70% 左右，温度应该控制在 70 华氏度（约 21 摄氏度），其范围一般是湿度 65% 至 72%，温度是 18 摄氏度至 22 摄氏度之间。当然，这是雪茄存储中最理想的环境，但也并不是绝对的，养护过程中还要根据雪茄的状态来进行调整。如果雪茄长时间处于干燥的环境中，它里面的烟草就会因干燥而失去水分，这样的雪茄抽起来会变得干呛，茄衣也容易破损。如果空气的相对湿度超过 70%，雪茄就很容易霉变；如果低于 70%（一般低于 60% 才有可能出现），雪茄就会过于干燥，甚至脱水。所以，雪茄养护最重要的因素就是温度和相对湿度的控制。

如果保存得当，雪茄会持续保持独特的风味，往往比新茄的口感更完美。所以选择一个恒温恒湿的环境对雪茄的保存来说显得尤为重要。

最方便的方法当然是去购买一个质量过硬的雪茄柜进行保存。顶级雪茄客通常会在自己的府邸建一个雪茄保湿房，而一般的雪茄客至少也应该配置一个雪茄柜或保湿盒,把自己的雪茄“供养”起来。

相对湿度应该调节在65%至72%，温度是18摄氏度至22摄氏度之间。

第 17 条规则

抽吸手工雪茄才能真正享受雪茄带来的乐趣

每一支手工雪茄都倾注了人类太多的精力和时间，每一支手工雪茄都弥足珍贵。虽然雪茄的品类很多，但真正能充分体现其艺术价值的唯有手工雪茄，所有有关雪茄的礼仪、文化、故事和知识，都是围绕手工雪茄展开的。因此，只有抽上一支完美的手工雪茄，你才能真正享受雪茄带来的乐趣。

手工雪茄是大自然的恩赐，是真正的有机农产品，它没有任何人工添加剂。雪茄带给我们的，是一种让人陶醉却又难以言传的美妙享受，它比以往任何时候都更具时尚气息。手工雪茄给人带来的感官体验和精神享受是被记入历史相关文献的。数百年前，人们就对于雪茄的疗效和诸多优点进行了总结和描述，其中最具代表性的是塞维利亚的一本古代典籍。

16 世纪的一名西班牙医生尼古拉斯·莫纳德斯（Nicolas Monardes）在 1574 年首次出版于塞维利亚的一部多卷本著作中详细地介绍了雪茄这种植物以及它的诸多优点。三年后，这本书被译为英语，书名是《关于新世界的趣闻》。莫纳德斯在书中说，雪茄烟草叶子“对于治疗头痛格外有效，尤其是着凉引起的头痛……头痛发作时，必须将加热后的叶子敷在痛处。必要时多敷几次，直到疼痛消退”。莫纳德斯还认为它可以“祛除口腔脓液和溃疡”，杀

“生命已尽，雪茄不息。”

——温斯顿·丘吉尔，英国前首相、军事家

死体内的寄生虫，缓解关节疼痛。他还写道：“点燃后品味其烟雾，可以放松精神、调节情绪。”

数百年来，抽雪茄都被公认为一种充满乐趣的体验，它让人放松、快乐、满足，让人在舒缓、安静、幸福的情绪中获得思考和友谊。与雪茄有关的一切都是正面的，它代表了阳光、积极、向上的生活态度，它是浅薄、焦虑、乏味的敌人，革命者、文学家、艺术家都对它钟爱有加，那是因为它象征着人类品格中最宝贵的部分——智慧、热情、稳重、温和、浪漫。充分享受手工雪茄的美妙吧，你抽的每一支雪茄，都表达了对生活的无限热爱！

数百年来，抽雪茄都被公认为一种充满乐趣的体验，它让人放松、快乐、满足，让人在舒缓、安静、幸福的情绪中获得思考和友谊。

第 18 条规则

雪茄是烟叶混合的艺术

雪茄创造丰富层次感和多种味道的途径就是——将不同的烟叶进行混合，所有的雪茄其实都是由不同的烟叶混合而成的，每一支雪茄都混合了不同产地、不同品种、不同植株以及不同部位的烟叶。多年以前，古巴哈瓦那雪茄集团曾表示：哈瓦那 80% 以上的手工雪茄均使用古巴西部地区的烟叶。但自 2015 年以后，大量的古巴手工雪茄添加混合了中部地区的烟叶。

雪茄烟叶的混合是一门技术含量极高的工作，雪茄配方大师也往往被认为是味觉艺术家。全世界各地有成百上千种不同品种的雪茄烟叶，这些烟叶能够产生上百万、上千万种不同的组合配方，每家雪茄制造商也都有自己的独门配方。但不论怎样混合，烟叶的调配还是遵循了一定的规则，而这些规则是由烟叶本身的特质决定的。

比如，茄衣要选择光滑、平整、轻薄有韧性的烟叶；茄套要选择含油量高且中等厚度的烟叶，一般就是植株中部的烟叶，这些叶片的弹性和张力俱佳，能够很好地包裹住茄芯烟叶；茄芯烟叶的选择则有更多规则，要根据雪茄最终的口感需求来决定。如果想制造柔和恬淡的雪茄，茄芯则多选用植株底部的烟叶，因为这部分烟叶相对较薄且含油量较少，口味相对清淡。基于植株的顶端优势，顶部的烟叶往往吸收了更多养分，因此味道也更浓郁和丰富，常用于

制作风味浓郁的雪茄。

现在，创新的混合配方越来越多，雪茄的口味变化也越来越有创意。有些雪茄在风味变幻的设计上不走寻常路，往往初段浓郁且略辛辣，犹如人们在青年阶段热衷奋斗与挑战；进入中段后，反而愈发柔和，风味更加复杂，燃烧更加顺畅，就像人到中年多了一份淡定从容，走上了生活的坦途。品尝不同的混合风味，感受不同的风味设计思路，也给当今的雪茄爱好者们带来了极大的乐趣。

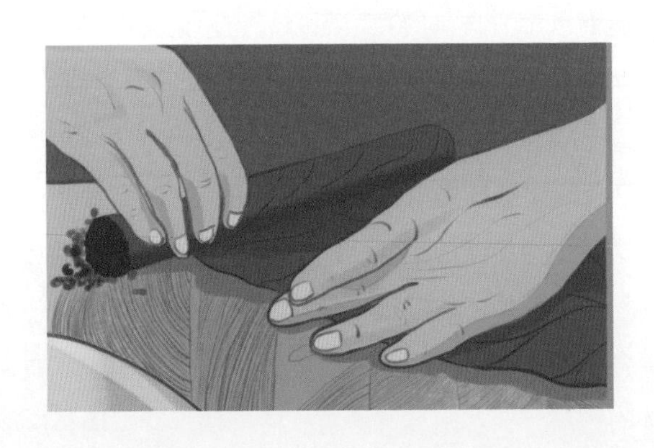

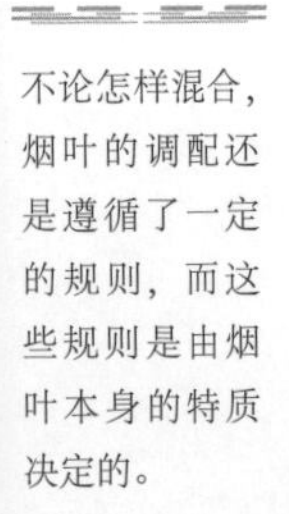

不论怎样混合，烟叶的调配还是遵循了一定的规则，而这些规则是由烟叶本身的特质决定的。

第 19 条规则

雪茄是有生命的

几乎所有热爱雪茄的人都知道一句话：雪茄是有生命的。从你购买一盒雪茄到最终抽完，在整个过程当中，雪茄并不是一成不变的，味道会随着时间的变化而变化，成为一支更好的雪茄。当然，雪茄烟叶本来就是植物，是有生命的，它会随着岁月的变迁而变化，从发芽到死亡的整个过程，支撑雪茄生命的就是它的醇化。同理，雪茄客也会随着雪茄的成熟而成熟，抽雪茄的一些讲究和规范让雪茄客自我约束，抽雪茄的过程让雪茄客得到沉淀和成长。从时间促进成熟这个角度看，雪茄与雪茄客是一样的，两者相互成就、共同成长。

我们确实很难清楚地解释雪茄的生命到底体现在哪里，当我们拿出一根雪茄的时候，它既不会动，也没有呼吸和意识。但如果你见过雪茄全部燃为灰烬的样子、雪茄枯死的样子，就会突然领悟：原来雪茄真的是有生命的。长时间未经照顾的雪茄，不仅外观干裂、僵硬，点燃后抽起来平淡如白水，甚至苦涩、有异味、有腐气。这时我们才意识到，雪茄的风味变化正是雪茄生命力的体现，也正是雪茄情绪的表达。

只要养护得当，雪茄也是可以获得“高龄长寿”的。位于伦敦的詹姆斯 · 福克斯 (James J. Fox) 雪茄店是世界上最古老的雪茄店之

“绅士们，你们可以抽雪茄了。”

——英国国王爱德华七世

一，距今已存在 230 余年，它曾经招待过温斯顿·丘吉尔、拿破仑三世、乔治四世、奥斯卡·王尔德等众多历史名人。在这家雪茄店中现存一盒古老的古巴雪茄，它保存完好，原封未动，雪茄状态依然不错。这盒雪茄的品牌为拉卡巴纳斯（La Cabanas），该品牌早已消失。根据记载，它于 1851 年到达英国，其“年龄”已超过 170 岁，如今依然“活”着。

珍藏固然是一件有成就感的事，但我们建议，尽量在雪茄最富有生命力的时刻去享用它们吧，这是对雪茄最好的致敬。

珍藏固然是一件有成就感的事，但我们建议，尽量在雪茄最富有生命力的时刻去享用它们吧，这是对雪茄最好的致敬。

第 20 条规则

雪茄是神赐的第十一根手指

“雪茄是神赐的第 11 根手指”，对雪茄爱好者而言，这是一个激动人心的比喻，它充分说明了一个道理：只有当雪茄成为你的第十一根手指，成为你身体的一部分，真正融入你的生活、渗透你的灵魂，你才能真正了解雪茄、享受雪茄并获得快乐。

这一过程需要时间，是一种学习，是一种修炼，也是一个进入真正忘我境界的过程。从雪茄客的进阶之路来看，对雪茄的认识、理解和感受是有几个阶段的。在第一阶段，抽雪茄往往停留在形式上，更注重形式、仪态和交际功能。进入第二阶段，雪茄客逐渐进入佳境，开始感受雪茄的魅力，享受雪茄的风味和乐趣。到第三阶段，雪茄客们则可以做到心无旁骛，在吞吸吐纳、举手投足之间感受心境、享受思考、获得幸福。这时候，雪茄成了身体和性格的一部分，对于我们而言，已经成为一种生命的哲学，让我们收获对世界、人生的探索与实践。

从这样的视角来重新观察雪茄，就会发现雪茄的确能够塑造一个人的性格。雪茄所带来的一切都将幻化为一种新的基因，留存在我们体内。雪茄的哲学是修为的最高境界——将一个人的内心世界修得更柔软、沉静、通透。

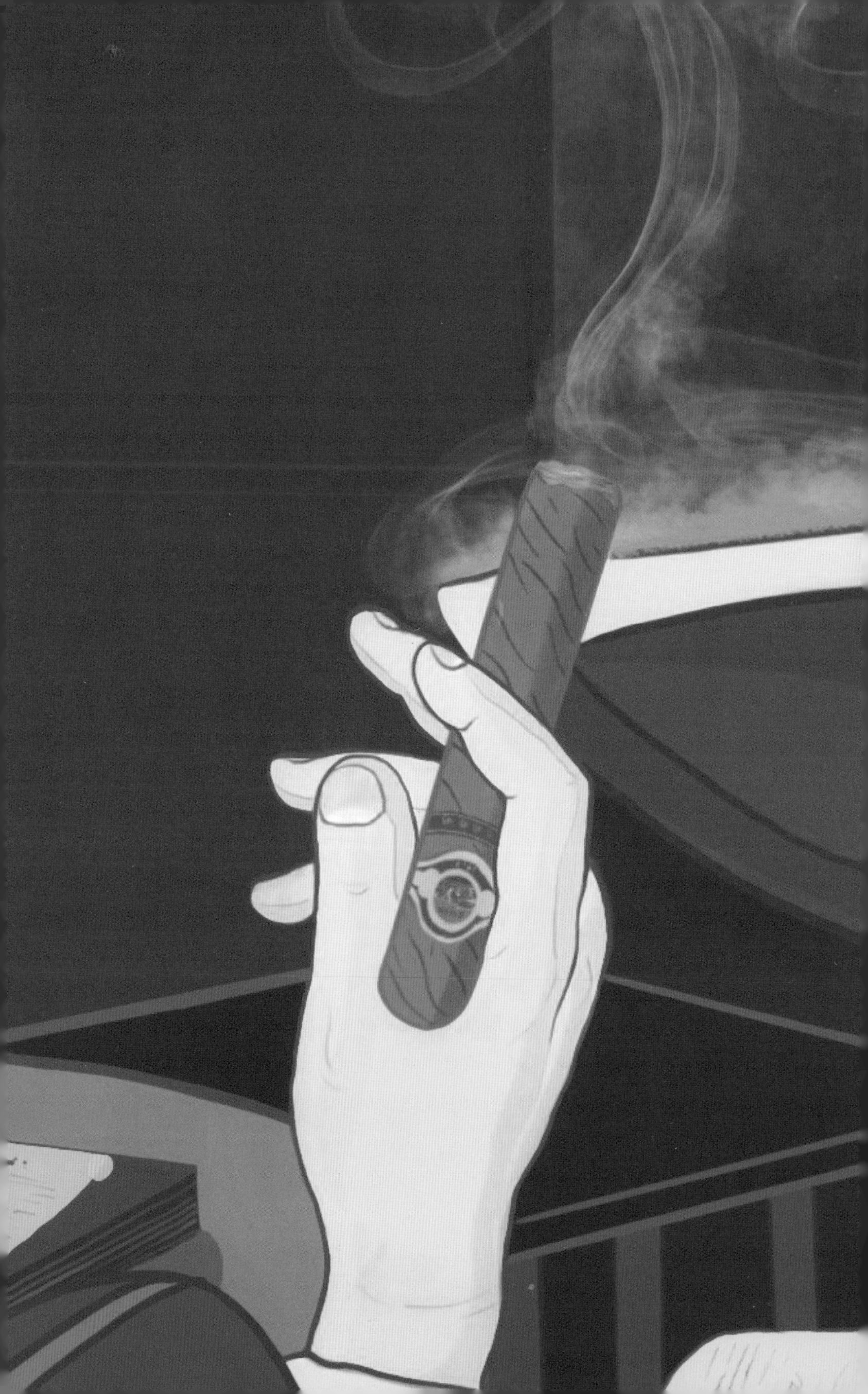

“我在赛前会抽一根雪茄，就是要找一种成功的感觉，放松一下。”

——迈克尔·乔丹，美国篮球运动员

雪茄之哲学带着几分禅味，需要我们静心修炼，不必给自己设定多大的目标，在享受雪茄的路上多多体会，不知不觉中你会发现：你已经拥有了这神赐的第十一根手指。

只有当雪茄成为你的第十一根手指，成为你身体的一部分，真正融入你的生活、渗透你的灵魂，你才能真正了解雪茄、享受雪茄并获得快乐。

延展阅读：推动雪茄文化普及的世界名人

雪茄的普及，离不开一部分名人的推广，也正是因为这些著名的雪茄爱好者的强力推荐，雪茄才在全球范围内建立起一套完整的文化体系。有了名人的宣传，雪茄也便有了故事，有了传奇。

西班牙国王费迪南德七世

从前雪茄是贵族才能享受的东西。1817 年，西班牙国王费迪南德七世颁布了一项允许古巴自由贸易的法令，由此推动了雪茄的工业化、商业化发展。他是第一个把雪茄带入平民世界的名人。

毛泽东

1964 年，毛主席因感冒引发剧烈咳嗽，经贺龙元帅推荐改抽什邡长城雪茄，咳嗽症状得到缓解后，他感受到长城雪茄的妙处与魅力，随后促成了 132 小组的成立。这是新中国雪茄行业发展史上一个重要的里程碑，从此后长城雪茄快速发展，成为中国雪茄的领军品牌，近些年来逐渐影响世界雪茄版图。

温斯顿・丘吉尔

丘吉尔是最狂热的雪茄客，在其长达 91 年的生命里，估计他每天至少抽 10 支雪茄，终其一生大约抽了 25 万支雪茄，总长度为 46 公里，总重量达 3000 公斤。他的最爱是“罗密欧与朱丽叶”，因此品牌还专为他创造了一个新规格——长 178 毫米、环径为 47，并命名为丘吉尔。

菲德尔·卡斯特罗

在卡斯特罗传奇的一生中，雪茄陪伴了他长达 44 年之久。他多次在公开场合教大家抽雪茄，是古巴雪茄公认的“代言人”。

二、关于抽雪茄的规则

第 21 条规则

抽雪茄其实是一件非常简单的事情

这是真的，抽雪茄其实是一件非常简单的事情。虽然需要具备一定的基础知识，有一定的讲究和规范，但也并非一件困难的事情。

如果不去一味追求奢侈的限量版雪茄，实际上几乎每个人都可以享用雪茄。寻一处休闲之地，选择一款适合自己的雪茄，慢慢剪切点燃，感受香气和时光的愉悦，这一过程简单、从容，一点儿也不困难。

你可以了解一点雪茄的相关知识，但不必给自己树立成为“雪茄专家”的目标，尽可能多地去体验，尽可能多地与成熟的雪茄客交流。当然，你也可以买一本关于雪茄文化的书翻阅了解一下。只有初步了解并真正体验了雪茄之后，才能喜欢雪茄，而喜欢雪茄则是享受雪茄之美的第一步。

在抽雪茄之前，要学会使用雪茄用具，能够优雅、娴熟地剪切和点燃雪茄，这是品味雪茄的基础。这项操作一般在练习两到三次之后就可以轻松掌握。

人生中的第一根雪茄非常重要，它直接影响着你接下来的“雪茄之路”。在决定尝试你生命中的第一根雪茄之前，要确保自己的

心情愉悦，身体状态健康，尽量在空气畅通且环境舒适的空间，能有老茄客在旁指导就更好了。尽量选择口感柔和、养护一年以上的雪茄，这样的雪茄不会太刺激、辛辣和呛口，杂气和涩味已经散去，能带给人美好的风味和丰富的层次变化。

为避免新手出现晕茄的情况，我们建议不宜抽得过急过快，一般来说保持 20 到 30 秒抽一口，这样的频率比较适中。另外，抽得太快还会让雪茄变得过热，产生更多的焦油，从而令雪茄的口感变差。同时，在抽雪茄的时候佐以饮品、巧克力、奶酪、点心、坚果等，都可以增强愉悦度和舒适度，也能及时补充一定的糖分，防止晕茄。

真正进入雪茄的世界以后，你就会自然而然地发现：抽雪茄与喝酒、吃饭、喝咖啡一样，是一件很容易的事，可以轻松掌握和享受。

真正进入雪茄的世界以后，你就会自然而然地发现：抽雪茄与喝酒、吃饭、喝咖啡一样，是一件很容易的事，可以轻松掌握和享受。

第 22 条规则

不会抽烟或许更加容易尝试雪茄

不会抽烟的人是否可以抽雪茄？答案是肯定的。很多人都有一个常识上的误区，认为雪茄看起来比较粗大、不太容易驾驭。其实不然，不会抽烟的人因为没有养成大循环、吸入肺的抽吸习惯，反而更容易尝试并接受雪茄。

此外，享受雪茄的过程也与抽卷烟有着极大的区别。卷烟一般在五分钟内就会抽完，但品尝一根优质的雪茄，则需要平和的心态、温馨舒适的环境和至少一小时左右的静谧悠闲时光。这是一个缓解焦虑、对抗浮躁的过程，尝试雪茄就是努力尝试一种自然、舒适、健康的生活方式，任何人都很容易体验、获益。

事实证明，很多雪茄爱好者从不抽卷烟，却是成熟的雪茄客，他们深爱雪茄的香气和风韵。

不会抽烟的人因为还没有养成大循环、吸入肺的抽吸习惯，烟气只在口腔循环后吐出，反而更容易尝试并接受雪茄。

延展阅读：雪茄与卷烟的区别

	雪茄	卷烟
定义	高端天然烟草制品	烟草快消品
制作	优质雪茄均为全手工制作	机制
原材料	天然优质烟叶且经过发酵醇化，处理工序基本靠人工，工序较复杂，无任何添加物	醇化后烟叶基本由机器处理，添加卷烟纸、过滤嘴、香精、香料等
抽吸	口腔内小循环，不入肺，小口啜吸，频率慢	入肺，频率快
时间	慢享，常见尺寸手工雪茄至少45分钟以上品味时间，享受香气和风味	快抽，几分钟之内抽完
储存	在合适的温湿度环境中存放，每一年雪茄的风味都随着时间的消逝而趋于更完美，养护完好的雪茄的“寿命”可长达几十年	有保质期，一般须在阴凉干燥的环境中保存，存放超过两年后会失去原有风味，品质大打折扣

第23条规则

雪茄是忧虑和烦恼的敌人

抽雪茄的人基本上都有一个感官上的共识：抽雪茄的时候，内心平和而愉悦，身心获得了极大的自由与舒缓。如果细细分析其中的缘由，就会发现“抽雪茄使人快乐，使人远离忧虑和烦恼”并不是一个没有根据的说法。

抽雪茄的时候，体内会分泌多巴胺，这一过程能给人带来轻松愉悦之感。在情绪平和、心情愉快的时候抽雪茄，是在为享受生活锦上添花。

在这里我们要特别提醒一点：请在心情愉快、身体状态良好的时候抽雪茄！在身体状态欠佳的时候不适宜抽雪茄。这一点并非危言耸听，这时候往往人的血压、体温、血糖、神经系统等方面存在异常，容易出现“晕茄”、“醉茄”、眩晕、头痛、呕吐等症状。而如果在心情低落、情绪悲伤的时候抽雪茄，人的状态本身就已经降到低谷，对快乐美好的事物提不起精神，又何谈享受呢？

雪茄和咖啡、高尔夫、威士忌等生活方式一样，本身就代表着一段快乐时光。雪茄并不是生活的必须品，但它可以让我们体会到生命之美和生活之乐，也是一种对我们自身的额外奖励。雪茄所带来的快乐，既可以是独处的快乐，也可以是社交的快乐。在喜欢的

“《资本论》的稿酬甚至不够偿付写作时所抽的雪茄钱。”

——卡尔·马克思，共产主义无产阶级革命家

氛围里，抽着自己喜欢的雪茄，快乐就愈发充盈。被快乐包围，自然而然会看开很多事，远离忧虑与烦恼，重回到积极、健康、和谐的心境。

抽雪茄能够调整自我情绪和心态，抵御忧虑和烦恼，是一种让自己重新找回最佳状态的方法。与雪茄为伴的人，几乎都是“乐天派”，并非是因为他们从来没有烦恼，而是雪茄带来的快乐、自信与力量，驱散了忧虑与郁闷的阴霾。雪茄在生活中也许并没有那么重要，但它给我们带来的快乐却是弥足珍贵的，快乐的人生才是美好的人生。

好的心情能够带来更好的气息、更好的味感和更好的状态，令人更充分地体会到雪茄的美妙。

延展阅读：如何增加抽雪茄的愉悦感？

1. 一段忙里偷闲的时间
2. 最好找一个空气流通的空间
3. 选择一支自己喜欢的雪茄
4. 找同为雪茄爱好者的友人一起品享
5. 搭配饮品，最好配少量点心、甜食、水果，它们可以增加味感的碰撞与变化。甜食和水果还可防止血糖降低，避免“醉茄”，同时增加口腔内的甜蜜度和精神上的愉悦感
6. 看一本喜欢的书或影视作品

由于个人体质和耐受力的差异，每个茄客抽雪茄时的反应也不尽相同。有人连续抽三支也毫无反应，但有人抽上一寸便感到头晕目眩，这种情况时有发生，俗称“晕茄”或“醉茄”。“晕茄”、“醉茄”是由于抽雪茄时血糖降低而导致的，如果抽雪茄时出现头晕、心慌、乏力等情况，就要及时停下来进行调整。这时候，我们首先需要补充糖分，可适量吃一些甜点、巧克力、水果，其次，我们需要检查抽雪茄的环境，是否因环境过于封闭、空气流通不畅导致吸入过多烟气而产生不适症状？此时可开窗通风，或走向户外呼吸新鲜空气。为防止“晕茄”、“醉茄”，我们建议在空气流通良好的环境中抽雪茄，放缓抽吸的频率，同时配以酒类等饮料和甜点、水果，补充能量的同时也避免了血糖突然降低。还有一点很重要，不要在饥饿、空腹的情况下抽雪茄，“先垫一垫肚子”很有必要！

长城优

第 24 条规则

你可以轻松地选择适合自己的雪茄

抽雪茄应该遵循“不求最贵，但求最适合”的原则，雪茄爱好者可以根据自己的喜好和口感需求选择最适合自己的雪茄。在正规的雪茄店或免税店购买，可避免买到劣质和假冒雪茄。抽优质的正品雪茄，是感受雪茄魅力的重要前提。

实践是检验真理的唯一标准，新入门者免不了有一个“尝百草”的过程，我们鼓励多进行尝试。在雪茄店工作人员的帮助下，尽可能选择状态良好的雪茄进行品鉴，找到适合自己的口味和尺寸。通常情况下，畅销品牌的畅销型号往往经过了市场的长期考验，可以优先尝试。

在尺寸上应根据自己的时间、环境、喜好进行选择：大尺寸雪茄更具风味，但品尝的时间更长；小尺寸雪茄品吸耗时更短，适合忙里偷闲，更适合初入门者。

此外，初入门者在雪茄浓度的选择上也应遵循“由淡到浓”的基本原则。先从淡味、温和、中等浓度的雪茄开始，根据口感的需求和变化，慢慢尝试浓郁型雪茄。温和偏中等浓郁型的雪茄拥有出色的平衡感，更加适合亚洲人的口感喜好。

如果你实在不知道如何选择，那就找一家专业的雪茄店吧，让专业的侍茄师为你服务。他们有丰富的雪茄知识和销售经验，能够根据顾客的具体情况和需求推介合适的雪茄，并提供酒饮搭配的建议，甚至可以为你讲授不常听到的雪茄趣闻和知识，让你的综合体验升级。

抽雪茄应遵循“不求最贵，但求最适合”的原则，雪茄爱好者可以根据自己的喜好和口感需求选择最适合自己的雪茄。

第 25 条规则

大小雪茄都各具风味

你可能曾经听过这样一种说法：雪茄尺寸的选择应该与个人的外表相匹配。除此之外，在古巴也一直流传着这样的说法：30 岁时，抽环径 30 的雪茄；50 岁时，抽环径 50 的雪茄。这些说法听起来似乎有些道理，因此也成了许多雪茄初学者挑选雪茄的准则。但是如果仔细想一想，你就会发觉这样的说法简直毫无道理，因为一个人抽什么样的雪茄其实跟他的爱好、财力、修养有着直接的关系。

除此之外，抽雪茄还要与一个人的身份、气质相符合。如果一个个子矮小、身体单薄的年轻人，嘴里却常常衔着一支粗大无比的雪茄，就显得非常违和，也让人怀疑他是否真正了解和热爱雪茄，先不说他能否领悟雪茄的至高境界，从直观上看，他的样子看起来就是滑稽可笑的。

一个人抽什么样的雪茄虽然没有硬性的规定可以遵循，但还是有一些原则可以给那些刚抽雪茄的人以启示。总的来说，略小尺寸的雪茄更适合初入门者，如果想更加深层次品味雪茄的妙处，则应选择大雪茄。

大尺寸的雪茄茄芯内部烟叶种类丰富，香味也就更加多样化，而长度优势又使得它拥有了更多的变化，因此更具风味，能让人在

“饭后一支烟，赛过活神仙。”

——林语堂，中国作家

长时间内慢慢体会味道、层次、香气的变化，这也是雪茄最大的魅力。小尺寸雪茄由于长度、体积和环径受限，烟叶种类和数量并不多，因此其口感就不如大雪茄那般丰富多变，但因为耗时短、性价比较高、轻型时尚，更适合初学者入门。

当然，口味和尺寸的选择全凭个人喜好和需要，并不一定要机械地遵循某种规则。

略小尺寸的雪茄更适合初入门者，如果想更加深层次品味雪茄的妙处，则应选择大雪茄。

延展阅读：常见雪茄尺寸数值范围

尺寸（外文）	尺寸（中文）	长度（英寸）	环径
Double Corona	双皇冠	7.5~8.5	48~54
Corona	皇冠	5.5~6	42~44
Churchill	丘吉尔	6.25~7.25	46~50
Panetelas	宾丽	5.5~7	34~38
Petit Corona	小皇冠	4~5	38~42
Robusto	罗布图	4.75~5.5	48~52

环径是雪茄尺寸的标准说法，1 环等于 1/64 英寸。环径没有单位，是一种比例值。例如环径 50，其直径就是 50/64=0.78 英寸（约 1.98 厘米）。

（从左至右依次排列）

秘制 132

Great Wall 132

型号： 毛式规格

长度： 110mm

环径： 37

揽胜 3 号

Spectacular No.3

型号： 罗布图

长度： 124mm

环径： 50

国礼 1 号

GL NO.1 号

型号： 双皇冠

长度： 194mm

环径： 48

第 26 条规则

口腔循环、小口啜吸是抽吸的基本要领

要想充分享受雪茄的美好风味，就必须掌握正确的抽吸方法。最关键的要领有两点：一是坚持口腔内小循环，二是小口啜吸。通俗的解释就是：烟气由口腔进、口腔出，抽吸频率放缓，保持力度、速度的均匀和稳定。还有，记住雪茄点燃以后，第一口不要吸进口腔，而是要向外吹出烟气，这样能够避免吸入雪茄刚点燃时产生的杂质气息。

抽雪茄最重要的要领就是坚持"小循环"：雪茄的烟气不入肺，只在口腔内进行"小循环"，主要通过味蕾来体验味道的变化，感受余味和香气。抽雪茄并不是吸入其燃烧所产生的烟雾，而是要将烟气吐干净，然后细细品尝口腔、喉咙处留下的回味和香气。手工雪茄虽然不含化学成分，由纯天然烟叶卷制而成，但因为其体量大、烟味浓、烟气丰沛、生理浓度大，如果吸入肺中，容易引起"晕茄"，令身体产生不适。

能不能在抽雪茄的过程中品出好味道，有一个关键的因素是要控制好燃烧的温度。雪茄燃烧的温度由雪茄的湿度、抽吸的速度和力度决定。每一支雪茄都拥有一个"黄金温度"，一般来说刚点燃雪茄时的燃烧温度就是其"黄金温度"。因此我们要在抽雪茄时尽量放缓抽吸的频率，保持力度、速度的均匀和稳定，设法维持雪茄

“雪茄不应该只用嘴，而是用手、眼睛和精神来品尝的。”

——季诺·大卫杜夫，大卫杜夫品牌创始人

最初点燃时的“黄金温度”，尽量不要改变这个温度值。

抽得过猛或过缓，会让雪茄燃烧的温度过高或过低，温度过高会有多余的烟火味，温度过低又会出现焦油等附着物。在整个抽吸的过程中，我们难免会出现频率和力度的波动，这也没什么要紧的，力度和频率我们都可以自行调整。若觉得温度升高太快，接下来可以小口吸几次；若觉得温度偏低了，则接下来可以略大口吸一些。

掌握了以上要领后，多练习几次，就能悟出其中的微妙技巧了。如果你在抽雪茄时能感受到逐渐递进的芳香，还能品尝出其中独特的味道，那么恭喜你，你已经掌握了正确抽雪茄的方法！

最关键的要领有两点：一是坚持口腔内小循环，二是小口啜吸。通俗的解释就是：烟气由口腔进、口腔出，抽吸频率放缓，保持力度、速度的均匀和稳定。

第 27 条规则

你需要一套雪茄配件和工具

在享用和收藏雪茄的过程当中，必须用到一些雪茄配件和工具。选择适合自己的雪茄配件和工具也是雪茄爱好的一部分。

雪茄的配件和工具种类繁多，规格和用途也不尽相同，但大致可归纳为以下五大类：雪茄剪刀和打孔器、雪茄打火机、雪茄保湿盒、雪茄烟灰缸、便携式雪茄保湿盒和雪茄套。

我们先来说雪茄剪刀和打孔器。在抽雪茄前先要剪开雪茄帽，这时候就要用到剪刀类产品了。优质的剪刀类产品可保持雪茄切口的干净、平滑，不会产生过多的碎屑，而且不会损坏茄衣边缘。手工雪茄在制作的最后一个环节，卷烟师会另外剪一小片圆形叶子贴在封口处，这样就像是为雪茄戴了一顶“小帽子”，这是卷制雪茄的传统，不仅美观，外部杂质也不易进入烟叶中，对口腔来说更卫生。因此在享受雪茄之前，我们要先把“雪茄帽”剪掉，让雪茄“透气”，然后才能充分体验雪茄的美妙。

目前市面上常见的雪茄剪刀有传统剪刀式、水滴式、环形、椭圆形、方形、V 形、铡刀形等。传统剪刀式雪茄剪和铡刀形大剪刀都非常古典，可以剪出任何尺寸的截面，适合专业侍烟师和老雪茄客使用。水滴式和环形雪茄剪属于近十几年来的创新款型，符合人体力学设计，制动开关灵活，更容易操作。V形剪刀则可以剪出V形的深切口，让抽吸更加顺畅，因此近几年来颇受市场欢迎。打孔器小巧便携，也可以当钥匙扣使用，又能打出深孔使抽吸更加顺畅，因此也是很多雪茄爱好者的佳选。

点燃雪茄不能用传统的软火和汽油打火机，因为汽油味会损害雪茄的风味，而软火的火力也不够强，不足以快速点燃雪茄。雪茄专用打火机则能很好地解决以上问题。雪茄专用打火机所填充的是丁烷气体，没有异味，大容量燃料窗和直冲火设计能够快速均匀地点燃雪茄，同时还设有火焰调节器，能够根据使用者的需要调整出大小适中的火焰。雪茄打火机分为传统便携型和座台式打火机（喷枪）两种，火焰头通常从单头火焰到四头火焰不等，座台式打火机适合雪茄店或在办公室使用。

当然，点燃雪茄也可以使用松木条和专业点雪茄长火柴，这样仪式感更强，但需要丰富的经验，并且有一定操作难度，一般只适合专业侍茄师使用。

雪茄保湿盒和便携式的雪茄保湿盒、雪茄套都是用来储存雪茄的，前者还有醒茄的功能，后者则方便短时间外出携带。保湿盒一

长城雪茄
GREATWALL CIGAR

“世界上最好的雪茄就是在某种特殊场合让你想要抽一支的雪茄，它可以让你放松，让你获得最大的乐趣。”

——季诺·大卫杜夫，大卫杜夫品牌创始人

般采用雪松木制成，这种木材具有吸收过多水分或在干燥环境中释放湿气的作用，并且没有异味，可以保持雪茄的风味。

雪茄烟灰缸上有专门摆放雪茄的“凹槽”。如果是独自抽雪茄，那么选择小巧便携的单槽式烟灰缸就足够了；如果是多人一起享用雪茄，那么则要使用多槽式的大烟灰缸。

除以上提到的几大类雪茄用具外，雪茄配件和工具还有很多创新产品，比如放入雪茄保湿柜的雪茄加湿器、雪茄保湿袋、让抽吸更加顺畅的雪茄通针、便携式单根雪茄托架、电子点烟器等等。这些新颖有趣、设计独特、富有格调的雪茄配件和工具，需要我们在日常生活中慢慢发掘，最终找到自己的“心头爱”。

这些新颖有趣、设计独特、富有格调的雪茄配件和工具，需要我们在日常生活中慢慢发掘，最终找到自己的“心头爱”。

第 28 条规则

剪切和点燃会影响抽吸的效果

剪切和点燃都会对抽吸雪茄的效果产生一定影响，因此绝不能小看剪雪茄和点雪茄这两个看起来不显眼的小操作。

剪切雪茄要快速、精准，剪得过少则雪茄的截面太小，容易“抽不动”，剪得过多则浪费雪茄。一般选择在离雪茄帽顶两毫米处切下，剪深 V 口或斜切口，能够使抽吸更顺畅。

圆头平尾的柱形雪茄，只要剪掉雪茄帽即可，也就是雪茄封口处的部分。对于不规则形状的雪茄，在剪切时也要讲究一定的方法。鱼雷型号的雪茄一般需要分两次剪切，第一次可以先切一个小口，等到中后段时需要再切一小段，以保证通畅度始终如一。鱼雷型号的雪茄切口太大容易破坏茄体结构，抽起来漏风，而且也会加快雪茄的燃烧，导致温度过高，会影响风味。双鱼雷形状的雪茄，比如完美和所罗门尺寸，两头的尖部都需要剪掉，以保持整体抽吸通畅、均衡。

剪切雪茄时最容易犯的错误一是动作不够快、不够果断，造成切面不干净、不平整；二是剪下的部分过小或过大。切面不干净、不平整，会让抽吸的时候口内有烟草碎末，影响口感和舒适度。剪掉的部分太多或太少也都会影响体验，剪得太少，切面不够大，抽

吸不通畅；剪得太多，会把整个密封的头部切去，使得茄衣松脱，抽吸时烟草碎叶进入口腔，造成不适。

一支雪茄的品吸享受从正确的点燃开始。将切割过的点燃端在打火机或火柴上慢慢转动，这样雪茄会变暖。在这个过程中，火焰只能接触雪茄的点燃端，这样才能避免出现烧煳以及烧煳带来的呛人味道。顺便说一下，人们称这个过程为“烘”。当看到雪茄头部变黑，边缘呈现一圈灰白色，内侧可见一圈点燃的火头，雪茄轻轻冒出一缕青烟，这时用嘴吹一吹点燃的雪茄头，看到那一圈烟灰释放出红亮的火光，就可以抽第一口了！

无异味的丁烷直冲火专业打火机是点燃雪茄的最佳选择。汽油打火机的汽油味和火柴的硫黄味都会减损雪茄的风味。如果一定要用火柴点燃，最正确的方法是用火柴点燃雪松木条，然后用雪松木条点燃雪茄。

点燃雪茄时最容易犯的错误是茄角边缘燃烧不均匀，或者点燃不充分。茄角边缘燃烧不均匀会导致燃烧温度不均衡，影响雪茄风味，同时也会造成斜烧或茄衣爆裂，要在抽吸过程中不断进行调整。

剪切雪茄

点燃雪茄

“如果没有什么别的可以亲吻的话，雪茄是不可或缺的选择。”

——西格蒙德·弗洛伊德，奥地利心理学家

很多人都认为，不完美、不均匀的燃烧只是影响雪茄的外观，但事实并非如此。不完美、不均匀的燃烧会影响燃烧温度的均匀统一，影响雪茄风味的延展。只有完美均匀的燃烧，才能让雪茄的美味演绎得淋漓尽致、丝丝入扣。

剪切和点燃都会对抽吸雪茄的效果产生一定影响，因此绝不能小看剪雪茄和点雪茄这两个小操作。

延展阅读：如何正确剪去雪茄帽？

Full Cut（全剪法）	HALF CUT（半剪法）
将雪茄帽全部剪去。剪好后的雪茄看起来就像一个圆柱体，这种雪茄抽起来一般比较柔和。注意不要剪得太多，对一些头部呈锥状的雪茄而言更是如此。柱形雪茄剪去 2 毫米左右，鱼雷形雪茄剪去大约 4~6 毫米就可以了。	这种剪法技巧性较高。通常只剪下雪茄帽一片薄薄的茄衣，并不剪到茄芯。采取半剪法剪好的雪茄抽起来浓淡适中，适合所有尺寸的雪茄。
要点：无论采取何种剪法，下手力度都要均匀、果断。无论用何种剪具，都要掌握好分寸，只需将其垂直夹住雪茄头部，慢慢从最顶部开始尝试，直到可以完全将雪茄夹起就可以了。	

如何重新点燃雪茄？

想让已经熄掉、放了一会儿的雪茄重新点燃？最好的方法是先轻轻去掉残留的烟灰，然后轻轻地从头部向外吹气，以去除雪茄体内的腐气。当你再次点燃后，在享用雪茄前，继续吹气持续约 5 秒钟。这些简单的动作，将会大大减少再次点燃雪茄之初的腐气和酸味。

如何正确点燃雪茄？

古典点燃法	现代点燃法
要用含磷量低的雪茄专用火柴，否则会影响雪茄本身的香味，最好先点燃雪松木条，随后用雪松木条点燃雪茄。	选用充高级丁烷气体的专用打火机来点燃雪茄，纯净的丁烷气火焰不会产生异味以破坏雪茄的香味。
1. 先将火柴点燃。 2. 用拇指配合食指、中指夹住雪茄使其可以灵活转动。 3. 将雪茄头横截面分成三等份来点（每个约 120 度），先让火焰与雪茄呈 30 度角慢慢靠近，将火焰接触茄芯部分以形成自然的上升火焰。待到这面均匀燃烧起来后就可转动雪茄，依此类推点好三面。 4. 让火焰距离雪茄横截面约一厘米，将雪茄轻轻转吸几口形成小小的上升火焰，而后可以轻轻甩几下顺便看看茄芯截面，以呈红亮色为准，有时也可以对雪茄截面轻轻吹几口气以均衡燃烧。	1. 保证打火机内有充足的气体，点燃过程中突然中断是很扫兴的。 2. 一般右手持打火机，左手持雪茄。调好火焰大小，焰体以 2~3 厘米长为宜，点大尺寸的雪茄可适当加大，但不超过 4 厘米长为好。 3. 把雪茄在指间夹好，火焰呈 45 度角慢慢接近茄芯，直到雪茄截面边缘部分形成约一厘米高的上升火焰为止。 4. 当雪茄截面开始均匀点燃后，可观察一下茄芯是否燃透，若没有的话，可将火焰头部平行接近茄芯 1~2 秒。而后调小火焰，照古典点燃法的第 4 个步骤做。
要点：任何能产生异味的火焰都会影响雪茄风味。因为打火机的火焰很强烈，所以要控制好时间。整个点燃过程控制在 45 秒内为宜。	

第 29 条规则

拿雪茄的姿势其实很简单

抽雪茄的过程中，大部分时间雪茄都是拿在手里的，拿雪茄的姿态直接反映出一个人的仪态和修养。因此，如何得体地拿雪茄对新手来讲确实是一个问题。拿着雪茄能够体会到雪茄在指尖的触感，感受到雪茄的温度。拿雪茄的时候，忌讳将雪茄烟灰的部分冲上“指天”，也不要大幅度在空中挥舞，这样容易甩掉烟灰，给自己和同伴带来小麻烦。常见的雪茄拿法有 8 种之多，除非要拿迷你型雪茄，否则一般都很忌讳用拿香烟的姿势来拿雪茄。

雪茄就像随身配饰，需要契合个人的喜好和气质，你拿雪茄的姿势也是你个人风格的体现。当然，拿雪茄并没有所谓最好的姿势，最好的姿势其实就是自己拿着最舒服的姿势。

拿雪茄并没有所谓最好的姿势，最好的姿势其实就是自己拿着最舒服的姿势。

潇洒优雅型

刚正不阿型

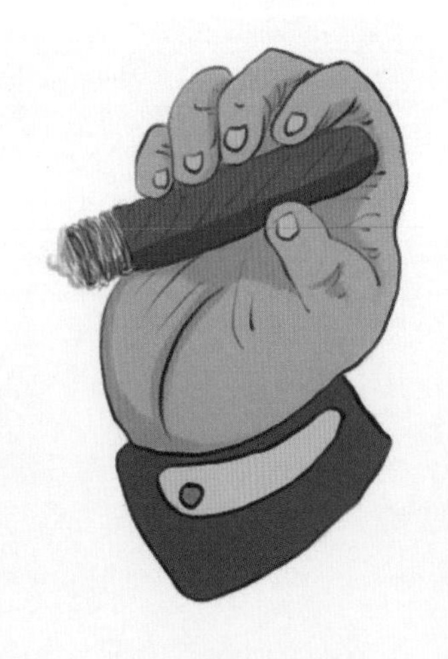

优雅高贵型

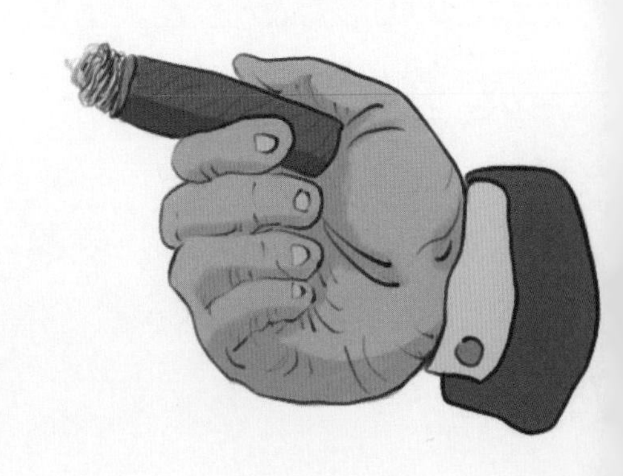

意志坚定型

诚实守信型

脚踏实地型

性格独立型

资深茄客型

第 30 条规则

选择你喜欢的口味和尺寸

“喜欢这种口味吗？”“喜欢！”对，找到你所喜欢的雪茄就是这么简单！口味是评价雪茄的终极标准，又是极其个体化的体验，因人而异。

虽然每个人的喜好皆不相同，但大多数人喜欢的口味仍然有共通之处：那些口味变化丰富、平衡感良好且有丰厚馥郁回味的雪茄，总是分外招人喜欢。过去我们总是认为古巴雪茄在口味的变化层次上占有绝对优势，但事实是，经过近几十年来的发展，非古雪茄和中国雪茄也都能够制造出丰富的味感和层次感，且各有各的风格。勇敢地尝试更多产品，你会发现更多惊喜。

在口味的选择上，不存在任何捷径，也不需要听从任何人强加的推荐，多多尝试就好了。雪茄的口味组合有成千上万种，静下心来慢慢寻找你所喜欢的口味，这一过程本身就乐趣无穷。

雪茄的尺寸就是对雪茄的大小、形状的综合分类，有时候也被称为“型号”。在挑选雪茄时，品牌名称后的连带称谓在通常情况下其实就是尺寸的概念，比如高希霸罗布图、乌普曼半皇冠等等，其中罗布图和半皇冠都是雪茄的尺寸名称。

“Cigar 之燃灰白似雪，Cigar 之烟草卷如茄。”

——徐志摩，中国诗人、作家

不同国家、不同厂商在尺寸上的标准和冠名各不相同，考虑到共通性，在这里我们仅列出一些主流尺寸的分类。

雪茄的形状大致可分为圆柱形（Parejo）和不规则形（Figurado）两种。圆柱形雪茄主要分为三类——皇冠（Corona）、丘吉尔（Churchill）、罗布图（Robusto），根据具体大小来区分，又可以细分为大皇冠、双皇冠、小皇冠、半皇冠、小丘吉尔、宽丘吉尔、短丘吉尔、特级罗布图、小罗布图等等。

不规则形雪茄主要分为两种: 鱼雷(Torpedo)和完美(Perfecto)。鱼雷泛指头部呈尖锥状的雪茄; 完美尺寸泛指两端呈尖锥状的雪茄，也有人称其为 Salomon（所罗门）。

目前世界上一些主流的雪茄尺寸均源于拉丁美洲和欧洲早前制定的规则。除了在过去数百年中发展出来的经典雪茄尺寸之外，近些年还涌现出一些独特的原创尺寸（规格），比如长城雪茄厂推出的毛式规格。

口味、尺寸的选择全凭个人喜好!

某些雪茄尺寸的命名和标准与历史名人有关，比如雪茄爱好者们耳熟能详的雪茄尺寸——丘吉尔。今天，我们把长度为 7 英寸、

延展阅读：雪茄尺寸类型图

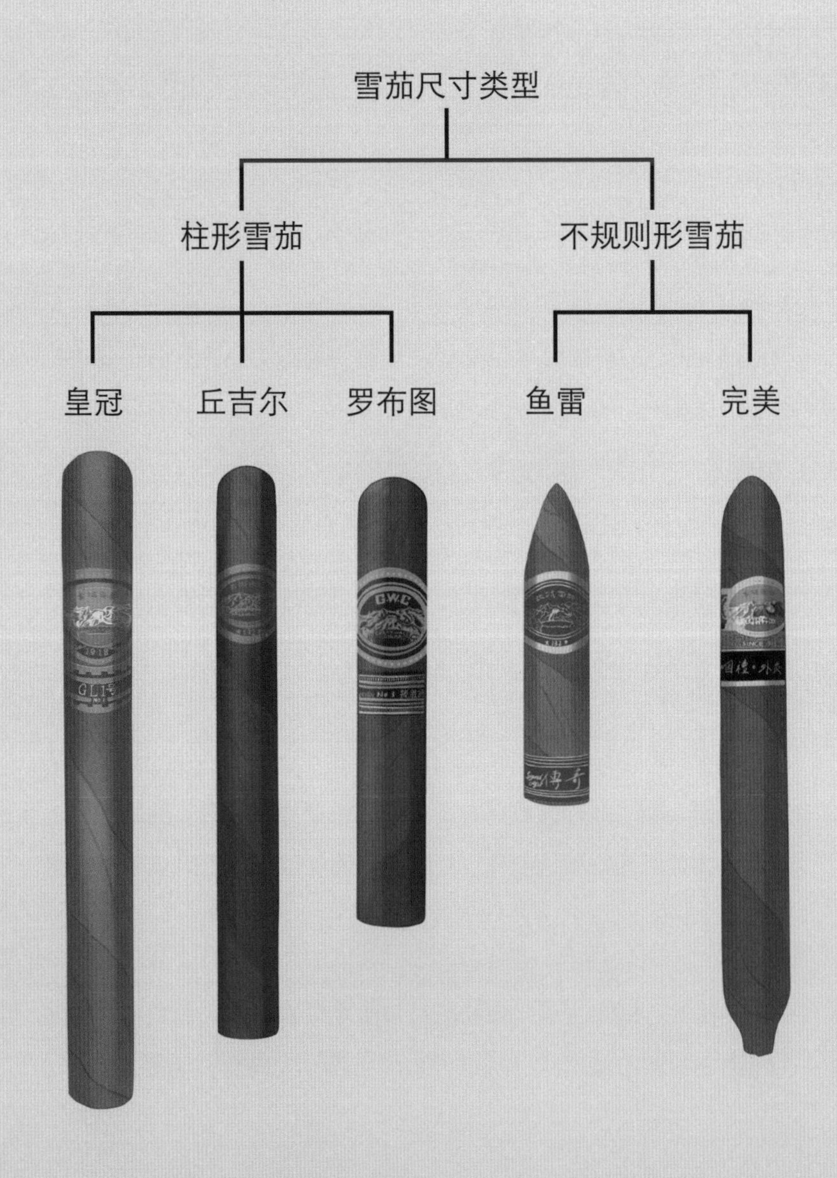

环径46至50的雪茄定义为丘吉尔雪茄，这是为了纪念英国前首相丘吉尔，这一尺寸的雪茄是他有生之年最钟爱的。而时下大热的罗布图尺寸(长度5英寸,环径50)则是当年为巨富罗斯柴尔德定制的，起初尺寸的名字就叫“罗斯柴尔德”，数年后才演化为“罗布图”。

而长城雪茄的这一原创毛式规格则与毛主席有着一段传奇的缘分。上世纪60年代，考虑到主席抽烟后咳嗽加重的情况，中共中央办公厅决定成立一个为主席等中央领导制作特供雪茄的小组，“132”是当时小组研发的两个配方的编号（13号和2号），后来这支专业的小分队也被称为“132小组”。小组成员都是四川什邡技艺高超的大师，他们来到北京，将制作雪茄的地点设在南长街80号，对面就是门牌号为81号的中南海。

毛主席最终选择了2号雪茄，他把1号留给了人民。2号雪茄的风味和口感深得主席喜爱，并且他还曾向人表示，抽了2号雪茄之后，咳嗽的症状明显得到了缓解。若干年后，为了还原这款优秀的2号雪茄，长城雪茄厂付出了极大努力。

首先是在原料上做了堪称“苛刻”的甄选，从“精选”之中再进行“精选”，主要原料采用了什邡大泉坑“主席特供烟田”的

长城品牌原创经典尺寸
——毛式规格

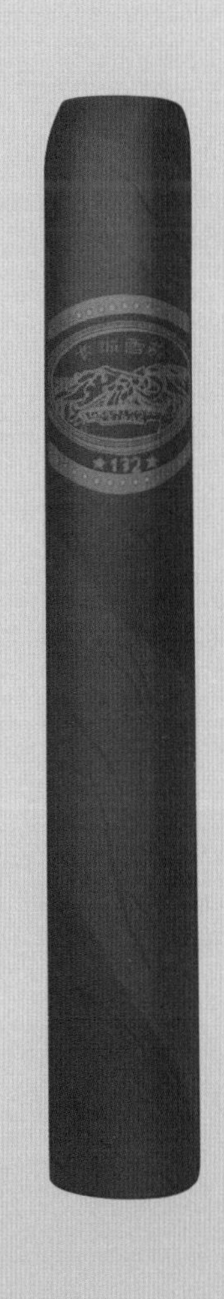

长城 132 秘制　Great Wall 132

产地：中国什邡

出品：四川中烟长城雪茄厂

长度：110 毫米

环径：37

型号（规格）：毛式规格

浓度：中等浓郁偏轻柔

风味：木香、花香、坚果、薄荷、咖啡等

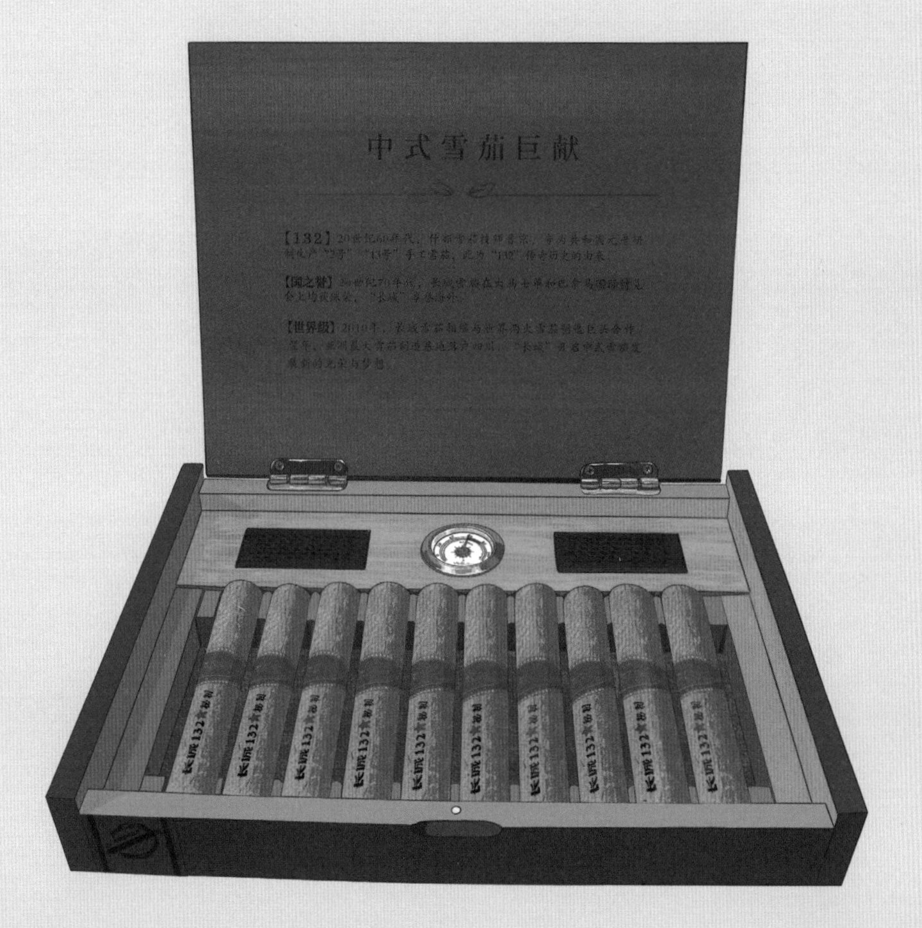
中式雪茄巨献
【132】
【世界级】

珍稀烟叶。这种烟叶油润细腻，风味口感俱佳，燃烧性极好，烟灰紧致而漂亮，经过特殊的发酵、调配和醇化处理后，味道更加醇和、丰富。

其次在发酵时间和方法上都花了心思，在原有的“132 秘制发酵法”基础上大胆创新，同时也延长了烟叶的醇化时间，使雪茄独特的柔和醇香进一步升级。从烟叶到成品，这款雪茄虽然“个头儿”不大，但却经历了 200 多道手工工序，秘制发酵法中还包括白酒熏蒸、花茶水浸泡、桂皮酒浸润等环节。

这款被“复原”的 2 号雪茄就是近几年来在市场上口碑爆棚的“132 秘制”。打开一盒“132 秘制”，会发现盒内的设计另有玄机。原木木盒内陈放着 10 支精致的 132 秘制雪茄，硫酸纸上当年《人民日报》头版主席手持雪茄的照片，瞬间将我们带回到“132 秘史”那一段光荣与梦想并存的岁月。盒内还安置了加湿器和湿度计，包装盒因此也具有了保湿盒的功能。每一支雪茄都包裹了雪松木片，在保护雪茄的同时也能让天然雪松木的清香助力成品继续发酵，让味道相互浸润、相得益彰。

缓缓揭开雪松木卷，发现雪茄帽已经被剪掉了，切口干净完美。

当年，考虑到主席日理万机，132 小组首创了预开口的方式，方便主席品吸。今天，这一做法被 132 秘制雪茄保留了下来，为当下忙碌的雪茄爱好者们提供方便，无需剪刀也可随时随地品尝雪茄的美味。这也是目前全世界唯一一款预剪口的 100% 纯手工雪茄。

这是一支小而可爱的雪茄，与当年为主席卷制的 2 号雪茄有着相同的尺寸和形状。雪茄长度为 110 毫米，环径 37，是这个繁忙的时代中十分讨喜的尺寸。开口就舒适非常，雪松木的香、薄荷的香、坚果的香、花香，相伴而来，在味蕾上留下绵长的回味。

毛式规格正是源自于 132 秘制雪茄的尺寸，它根据中国人的体型特点进行针对性设计，烟支采取预开口设计，干净漂亮的预剪口，更方便日常品鉴和分享。品鉴时长 30~40 分钟，适合当代人快节奏生活方式。

抽雪茄是追随自己内心喜好和热情的一件事，不需要人云亦云，也不需要随波逐流。多多尝试，找出自己最钟爱的口味和尺寸，一切以自己的“心之所向”为准，你就能充分享受雪茄的美好了。

第 31 条规则

配饮会影响抽雪茄的口感

雪茄与饮品的搭配有很多讲究，事实上，并非所有的饮品都适合在抽雪茄的时候享用，只有一些精心挑选的饮品才能与雪茄的口感相得益彰。比如红茶、咖啡、气泡水一类的非酒精饮品，就非常适合柔和型的雪茄，它们能够使雪茄的口感更加细腻丰富。而诸如白兰地、葡萄酒、威士忌等酒精类饮品，则适合口感比较浓郁的雪茄，它们往往能够使雪茄的口感更加香醇厚重。

当然，有的雪茄客几乎从来不同时享用雪茄和配饮。但近些年来，随着国际侍烟师赛事的推广，雪茄与饮品的搭配能为品鉴带来更完美的体验，已经成了业界共识。

配饮可以与雪茄进行一场味觉碰撞，好的搭配能够激发出更多味道和层次的变化，让抽雪茄的感受锦上添花。雪茄与威士忌、干邑、香槟、朗姆酒、葡萄酒、贵腐酒、波特酒、咖啡、普洱茶等饮品都可以相配。这种搭配是没有明确标准的，可以非常个性化和小众化，许多著名的侍烟师都相信并且尊重私人的味觉喜好，因为人们都拥有独一无二的味觉体验和嗜好。

虽然雪茄与饮品的搭配没有固定的标准，但也有基本的规则和一定的地域特色。比如，西方人喜欢用烈酒搭配雪茄，而东方人则更偏爱柔和的酒或果香、甜味明显的饮品。搭配的基本原则是：柔和的饮品与柔和的雪茄相配，浓烈的饮品与浓郁的雪茄相配。搭配的时候还有一个要点：不要为饮品搭配雪茄，而要为雪茄搭配饮品。也就是说，饮品的浓度或香味不要强过雪茄，不要完全覆盖住雪茄的浓度和味道，这会掠夺雪茄的口感。

但经过发酵的熟茶（如普洱茶）、乌龙茶、红茶等，却是雪茄的好伴侣。经过发酵的茶，不仅能够保护肠胃、促进消化，口感也醇厚香糯，与雪茄的醇香叠加之后，亦能获得口感的层层递进，令回味愈发细腻绵长。

关于雪茄与饮品的搭配，可以根据个人喜好创造多种组合，简单的理解就是，没有最好的搭配，只有最适合自己的搭配！

不要为饮品搭配雪茄，而要为雪茄搭配饮品。

第 32 条规则

抽雪茄时喝一杯威士忌感觉会非常棒

1969 年，有一部名叫《长征万宝山》（*Paint Your Wagon*）的好莱坞喜剧片风靡一时。虽然随着时光流逝，这部反映西部淘金热的电影已不再成为人们的谈资，但其中那位霍顿先生的一句台词仍然令人印象深刻：“也许你并不认同，但请你相信我，除非你已经抽了一口上好的雪茄，并且喝了一口威士忌，否则你将错过生活中第二件和第三件美好的事情。”至于第一件美好的事情是什么，我们姑且不去管它——大概是爱情吧。生活中第二和第三件美好的事同时并进，才催生了雪茄与威士忌这一最经典搭配。

在第 11 届古巴国际雪茄节“侍烟师大赛”的决赛中，来自迪拜七星酒店的选手费利克·哈特曼，凭借一杯麦卡伦 (Macallan)15 年苏格兰纯麦芽威士忌搭配一支罗密欧与朱丽叶的短丘吉尔型号雪茄，最终夺得年度侍烟师大奖。在当年，这一雪茄与威士忌的搭配在主考官的眼里堪称绝配，从那以后全世界的雪茄爱好者就多了一种名叫“雪茄 + 威士忌”的生活方式。

威士忌和雪茄几乎成了一种约定俗成的官配。抽雪茄搭配威士忌，两者强度相当，雪茄的味道能激发出威士忌的果香和甜味，威士忌的口感又能增加雪茄的层次并激发出更多味道，让雪茄的回味更加绵长。

“对于女人我有一件事一直无法理解，她们在喷上一品脱香水让香味包围自己，擦上一磅滑石粉或难闻的口红，使用味道奇怪的头油和半打不同的乳液时毫不犹豫，但却对一根好雪茄的香味喋喋不休。”

——格劳乔·马克斯，美国喜剧演员

近年来，威士忌的类型也越来越多，日本威士忌因为更加迎合东方人的口感喜好而逐渐风靡亚洲。所以，如果你感觉苏格兰威士忌过于强烈，也可以选择更加柔和、恬美的日本威士忌。

两者强度相当，雪茄的味道能激发出威士忌的果香和甜味，威士忌的口感又能增加雪茄的层次并激发出更多味道，让雪茄的回味更加绵长。

BWC
No 3

第 33 条规则

雪茄不吸时会自动熄灭

雪茄是天然的烟草制品，不含助燃剂，一般来讲，超过 2 到 3 分钟不吸，就会自动熄灭。如果在正常抽吸过程中，雪茄频繁自动熄灭，则要检查雪茄的状态，考虑是否存在以下几个问题：

第一，雪茄是否偏湿或者吸阻过大，雪茄偏湿或吸阻大就会造成燃烧难度增大，相对来说也就熄灭得更快；第二，雪茄点燃方式是否正确，如果茄脚没有完全点燃，就会影响到它的整体燃烧；第三，这点是最常见的，抽吸的频率间隔太长，雪茄自然就会熄灭，建议抽吸间隔在 20 至 30 秒左右；第四，雪茄烟灰是否过长，烟灰能够保护中间温度，但烟灰过长也会加速雪茄的熄灭。

雪茄确实是有生命的，因此也请尊重雪茄的燃尽。不要点按烟灰，不要弹烟灰，也不要强力拧断烟灰，这些行为都是对雪茄的虐待、蹂躏和轻视，雪茄在不抽吸的情况下可以自动熄灭，让它有尊严地消逝吧。

雪茄是天然的烟草制品，不含助燃剂，一般来讲，超过 2 到 3 分钟不吸，就会自动熄灭。

延展阅读：什么叫吸阻？

吸阻：抽吸的阻力。雪茄一般在出厂前会经过吸阻测试，卷制过紧或茄芯当中烟梗过多的雪茄吸阻往往偏大。遇上吸阻大的雪茄，可用通针插入雪茄截面对抽吸通道进行疏通，同时可用深 V 剪刀剪切雪茄帽。

第 34 条规则

雪茄抽后不会起痰

我们在抽卷烟的时候通常容易咳嗽和起痰，这是因为卷烟的烟气经过气管入肺，刺激到支气管和肺泡黏膜，使其而分泌出黏液，也就是我们所说的“痰”。

雪茄由天然优质烟叶卷制而成，没有添加香精香料，其烟气的成分与香烟烟雾的成分有所不同，有一点是肯定的：雪茄烟雾中的有害成分相较于卷烟大幅度减少。同时，因为抽雪茄遵循小循环、不入肺的原则，一定程度上也避免了烟气对支气管和肺泡黏膜的刺激，从而避免它们分泌黏液，当然也就不会起痰了。

咳嗽和吐痰都是人体清除呼吸道内分泌物和异物的保护性呼吸反射行为，虽然这是一种自我保护，但长期咳嗽和起痰会导致呼吸道和肺部疾病，损害身体健康，因此抽雪茄相对抽卷烟而言更加天然、健康。

抽雪茄遵循小循环、不入肺的原则，一定程度上也避免了烟气对支气管和肺泡黏膜的刺激，从而避免它们分泌黏液。

第 35 条规则

抽好的雪茄会让你有种恋爱的感觉

劣质雪茄的坏味道都是相似的，但优质雪茄的风味却各有各的妙处。好的雪茄没有统一的标准，但也有一定的甄别原则，即：苦味、涩味、杂味全无，入口舒适，浓郁度适中，风味变化丰富，层次感和平衡感良好。这样的雪茄能够给人愉悦和幸福感，每一口抽吸都带来丝丝入扣的回味。

塞林格在其小说里写过一句话，叫作“I think love is a touch and yet not a touch”（将触未触最动心），一段爱情中最浪漫的部分，是即将开始却尚未开始的那一阶段。“浪漫的本质从来不是某种行为本身。浪漫的本质是，一瞬间，一段关系的未来突然充满了无数种可能性。我们站在真实的对立面，做起了一段短暂的、狂喜又躁动的梦。”抽雪茄就是如此，在深夜里，在书房里，你燃起一根雪茄，就如和知心的人面对面地交谈，这种交谈没有聒噪，更多的是静默和沉思。这时候的雪茄就像一个恋人的喃喃细语，眼前氤氲的烟气就是柔情对话。你懂她，她知你，默默相伴便能互通心曲，这就是雪茄的浪漫所在。

雪茄是精神的伴侣，雪茄是亲密的爱人，雪茄是美好生活的使者。

抽一支好的雪茄，就犹如和喜欢的人恋爱，与它一起总觉时光易逝、甜蜜无间，与它分别后又怅然若失、回味无穷。因此常有人说，雪茄是精神的伴侣，雪茄是亲密的爱人，雪茄是美好生活的使者。

延展阅读：好雪茄都有哪些常见风味？

木香	雪松木或橡木类的木质清香，能与天然烟草醇味完美融合
花香	清新、清甜的味感，产生舒适感
奶香	如纯牛奶般滑腻的感受，可增强顺畅感
坚果	一般是烤杏仁之类的味道，能增强雪茄的香味
谷物	一般是烤谷物的味道，比如烤面包之类的味道，可增强雪茄的香味
皮革	一般是生皮革的清香之味，能加重浓郁丰厚的口感
蜜味	蜂蜜的香甜、甘草的清甜，都属于这一类甜味，能够增加口感上的愉悦和舒适度
胡椒	一般是香料味，能够加重浓郁丰厚的口感
咖啡	一般是烘焙咖啡或可可豆的香味，可增强雪茄的浓香之感
巧克力	一般是黑巧克力的香味，可增强滑腻顺畅之感，同时增强浓郁度和香味
酒香	发酵的醇和味感，能增强雪茄的香气和回味

品质差的雪茄有哪些常见杂气杂味？

苦味	苦感明显、浓重
涩味	在味蕾上形成干涩、干枯的口感
腐味	食物发霉、腐坏的味道
酸气	食物过期、腐坏的气味
杂草	植物干枯或鲜涩的味道

第 36 条规则

雪茄的味道丰富而有层次，后段可能更加美味

雪茄的味道十分丰富，尤其是陈年雪茄，时间将风味与层次的变化之美演绎得淋漓尽致。

一支雪茄的品鉴过程，可以分为三段：前段、中段和尾段。前段是雪茄生命的序曲，可以尝到主线味道，让人进入雪茄的主题世界。中段是雪茄生命的主旋律，在这里我们渐入佳境，能够品尝到越来越多的味道，也能够感知到风味的叠加和变化，趣味就这样产生了。

而后段则是雪茄生命的华彩乐章，此时因为燃烧部分离嘴唇越来越近，我们会感到温度升高，雪茄味道趋于更浓郁，风味变化更复杂，能很明显感觉到整支雪茄的风味都在升华。

如果没有后段的热辣浓郁，中段和前段的温婉柔和就凸显不出来；如果没有后段的集中释放，雪茄的主题曲就不完整。所以大多数人认为，一支雪茄的后段是它的精华所在，这一段也更加美味，所以抽雪茄时千万不要随意抽两口就放弃，那样你会失去一次欣赏华彩乐章的机会。

一支雪茄的后段是它的精华所在，这一段也更加美味。

延展阅读：茄标何时移除？雪茄抽到何时放弃？

移除茄标的时机是一个常见的有趣小问题。当雪茄燃烧到接近茄标位置的时候，就可以考虑将茄标移除了。在雪茄燃烧到距离茄标半厘米的时候，最好再等 5 分钟左右，让雪茄的热量再积蓄一些，热量会使粘紧茄衣的食用胶水软化，食用胶水软化，茄标变得松弛，这时候移除茄标，能够避免撕裂和损坏茄衣。当然，是否移除茄标，全看个人喜好。

雪茄抽到多短的时候放弃？这是一个个人习惯问题，没有统一标准。理论上来说，雪茄的每一部分都是天然烟叶，完全可以抽到尽头，有人甚至会用一根牙签插进雪茄头部，或者用一个镊子夹住雪茄，抽到最后几毫米！

但如果在社交场合，我们还是尽可能保持一定的仪态，不要使用牙签或镊子。雪茄在抽到还剩 1/4 的时候，还可以用手拿着，但嘴部过于靠近燃火点，高温会让雪茄的味道热辣、集中，此时再抽上几口就停止吧。在这里放弃也没有什么可惜，雪茄后段的华彩乐章部分也已体验了，基本上算完整体验了一支雪茄的生命之旅。

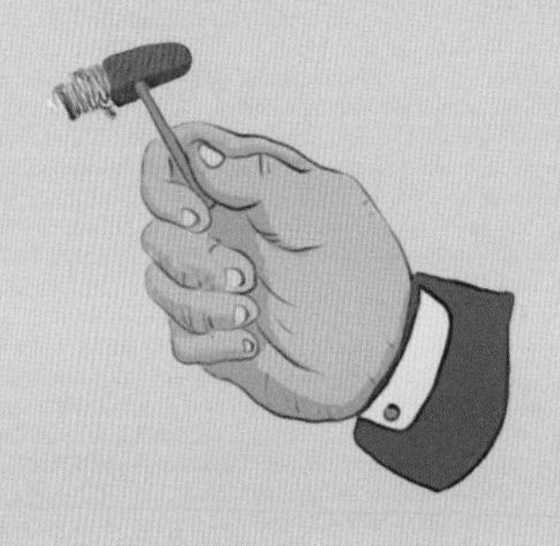

第 37 条规则

在通风良好的空间抽雪茄

我们在抽雪茄的时候一定要选择一个通风良好的空间。在封闭的空间抽雪茄，周围容易快速充满大量的烟雾，尼古丁和焦油等成分被人体被动吸入后，雪茄客可能会出现“晕茄”“醉茄”的状况，心跳加快，脸色苍白，头昏脑涨，自然也就无法继续享受雪茄的美味了。

如果可能，在温度适宜、环境友好的户外抽雪茄当然是最好的选择；但如果只能选择在室内，房间应该安装有新风系统，或者打开窗子保持通风，或者配置一台专业的烟雾净化器。这些措施将有效保持空气流动，避免“晕茄”等状况，减少对人体健康的危害，使抽雪茄的体验更加愉快。

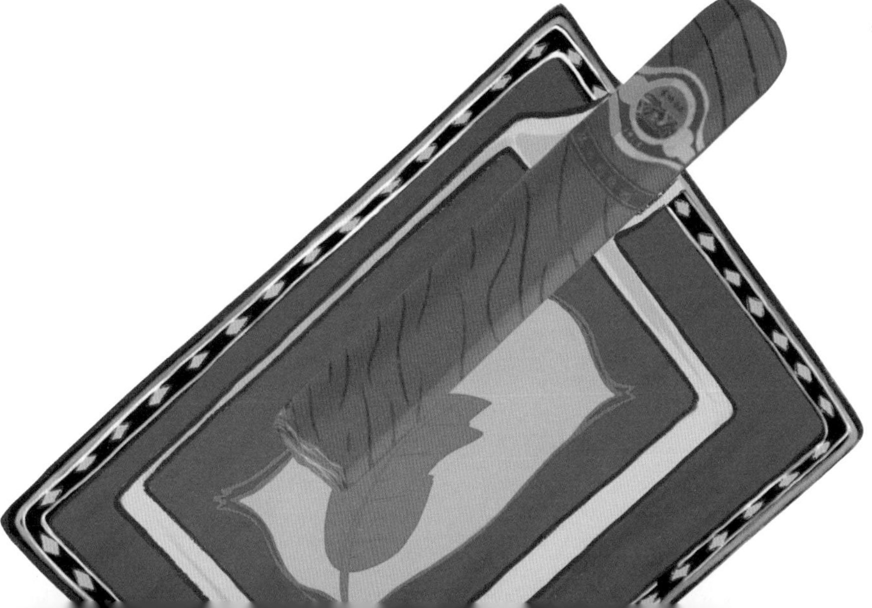

如果只能选择在室内，房间应该安装有新风系统，或者打开窗子保持通风，或者配置一台专业的烟雾净化器。

第 38 条规则

雪茄要用专业保湿柜或保湿盒储存

雪茄其实和人一样，是有生命的，既怕潮湿又怕干燥，既怕高温又怕低温。我们都知道，雪茄的最佳养护环境有一个“双 70”的大致标准，那么如何达到这样的温湿度环境且能使之恒定呢？在今天这样一个智能化大时代，这已经不是什么难事了，专业的雪茄保湿盒或保湿柜都能帮你解决雪茄养护的问题。

随着现代科技的发展，电动雪茄保湿柜因为能提供更为稳定的温湿度环境、操作更简单，而受到雪茄客们的欢迎。电动雪茄保湿柜拥有多种尺寸，能为更多雪茄的养护提供充足空间。这类雪茄保湿柜内含压缩机、风扇、水槽等设备，使用时只要设定好合适的温度和湿度，定期为水槽加水，就大功告成了。

使用电动雪茄保湿柜有五个关键点要牢记：①选择技术过硬、品质优良的品牌，这样能够大大降低故障与维修率。②定期查看保湿柜的状况是否异常，查看雪茄的状态是否良好。③保持 24 小时不间断供电。④雪茄柜要与墙体至少保留 10 厘米距离，使用中不可移动或晃动雪茄柜。⑤加水要选择蒸馏水。

特别需要注意的是，我们建议木质雪茄保湿盒与电动雪茄保湿柜结合使用。木质雪茄保湿盒有短期醒茄的作用，准备近期抽的少

“灵感来自抽雪茄的过程。”

——爱迪生，美国发明家

量雪茄可先放入木质保湿盒中进行一至两周的“唤醒”。而电动雪茄保湿柜则可以长期储存多量雪茄，让雪茄在最佳的状态下休息，经过岁月慢慢沉淀，释放出更柔美、更丰富的风味。

有条件的雪茄爱好者，可建立一间步入式雪茄保湿房，为大量的雪茄存储提供更好的恒温恒湿的养护环境。

虽然好的养护环境可以令雪茄释放出“岁月之香”，但这并不意味着新出厂的雪茄不能立即品尝。在雪茄出厂前，一般烟叶已经经过了至少6个月的发酵醇化，而当雪茄被卷制成成品后还要在醇化间经历额外的陈化。因此，买来的新茄也可立即享用，同样能感受到雪茄带给你的美好滋味和惬意时光。

雪茄的最佳养护环境为18~22摄氏度+65%~72%的湿度，并且保持恒温恒湿。温湿度的骤然大幅度升高或降低都将给雪茄带来毁灭性的损害。

GREATWALL LIFE
1918
长城优品

延展阅读：雪茄如何裸养？

裸养，就是将雪茄从雪茄盒中拿出来，直接存放在恒温恒湿的环境中进行养护。雪茄在裸养过程中能够直接接触更多的氧气、更均匀的温湿度，因此雪茄内的有益物质也能够最大程度地进行活性反应，风味更加醇美。

但裸养雪茄需要注意以下几点：

1. 定期观察雪茄的状态，如湿度过大过小了，要及时调整。

2. 不同的雪茄分区存放，避免味道互相影响。最好使用西班牙雪松木醇化盒，分门别类存放。

3. 湿度不宜过高。裸养的雪茄直接接触大量空气，空气中的湿度对雪茄的影响更大、更快，因此应根据实际地域气候特点，对湿度进行调整，避免雪茄过湿。

4. 定期翻动雪茄。雪茄柜无法做到所有空间的温湿度都绝对恒定统一，因此上部与下部的雪茄要定期换位置。还要定期翻动雪茄，通常一周一次，让雪茄的各个部位都能在最优良的温湿环境中醇化。

第 39 条规则

香味型雪茄开启潮流趋势

顾名思义，香味型雪茄就是加香型雪茄。一般来说，香味型雪茄以机制雪茄居多，制作过程中在烟叶中加入了增香成分，让人在抽吸的过程中能够明显感知到特定的香味，是一种人工调味的雪茄。近年来，美国的部分雪茄生产商开始在手工雪茄中加入天然的香精和香料，受到了部分年轻消费者的欢迎。

香味型雪茄拥有更加时尚、色彩斑斓的外包装，包装上标有香味类型，比如苹果、樱桃、蓝莓、威士忌等等。香味型雪茄因为具有明显的香味，易于被初学者和年轻群体接受，且性价比较高，因此近年来风靡全球，销量持续增长，开启了一种新的潮流风尚。但增香成分中可能存在一定有害物质，同时，香味型雪茄可能会诱导更多的烟民加入吸食雪茄的行列，因此，加拿大、澳大利亚等国家已经通过相关法律和政策对其进行管控和限制，其快速发展的趋势得到了一定程度的抑制。

香味型雪茄以机制雪茄居多，制作过程中在烟叶中加入了增香成分，让人在抽吸的过程中能够明显感知到特定的香味，是一种人工调味的雪茄。

第 40 条规则

在不同的时间抽不同的雪茄

除了闲暇时间的长短会影响我们选择不同尺寸的雪茄之外，一天中不同的时段也应品味不同风味的雪茄。

每天的第一支雪茄应在上午，这时经过一晚上的充分休息，精神状态不错，选择一支温和轻柔的雪茄，尺寸不宜过大，可以为午餐起到开胃的作用。在午餐之后可享用口感温和偏浓郁的雪茄，以享受饱餐之后的满足和午后的休闲时光。在丰盛的晚餐前后则应该选择能带来热情且口感舒畅、口味浓郁的雪茄，此时也很适宜交际和小憩，在心情愉悦中迎来晚间的放松或慵懒。

味道具有一定的唤醒记忆能力，在不断积累经验的过程中，也可以铭记某种好味道给予某段时光的美妙感觉，使之成为一种固定化的习惯。比如在下午的咖啡时间，品享过一支喜欢的雪茄，带来愉悦舒适的感受，那就可以在固定的时间抽同样的雪茄。

除了时间的长短会影响我们选择不同尺寸的雪茄之外，一天中不同的时段也应品味不同风味的雪茄。

第 41 条规则

浪费雪茄是一件非常糟糕的事

浪费雪茄是一件非常糟糕的事，也是一种不礼貌、没素养的行为。我们建议你务必要根据自己的时间来选择尺寸适中的雪茄：时间短就选择小雪茄，时间长就选择大雪茄。如果实在没有时间抽完一支雪茄，剩下了一半以上，应该用雪茄剪剪掉烟灰部分，直到看到干净的茄芯截面为止。同时还要剪掉烟头抽吸的部分，因为残留的唾液会让雪茄变潮，从而影响风味。之后将剩下的雪茄放入保湿袋中带回或单独保存，等下次再抽。

尽管如此，我们还是强烈建议你尽量将雪茄一次抽完，雪茄一旦留到下次抽，状态、风味都将大打折扣。

我们还是强烈建议你尽量将雪茄一次抽完，雪茄一旦留到下次抽，状态、风味都将大打折扣。

第 42 条规则

抽雪茄能够让你变得更酷

抽雪茄的确能够影响和改变一个人的性格、气质和气场，这并不是夸大其词，而是事实。因为抽雪茄不是一个简单的抽烟问题，而是一种鉴赏活动，需要依赖一定的技巧、经验和修养。在某种程度上，抽雪茄不仅是一种生活方式，也是一段感悟人生的过程。

作为一种有格调的生活方式，雪茄在生活中潜移默化、循序渐进地影响着每一个雪茄客。雪茄是顽强和自律的标志，对更多人来说也是一种尊严的象征。抽雪茄讲究气息平稳、均匀，讲究格调、仪式，在无形中是一种对性格的塑造，可以让男人更沉稳、富有力量感，值得信任，让女人更优雅、大气，提升魅力。这就是我们总是认为那些抽雪茄的人都很酷、很优秀的主要原因。

作为一种高尚的生活方式，雪茄在生活中潜移默化、循序渐进地影响着每一个雪茄客。

值得强调的一点是：从入门者到成熟的雪茄客，是一个需要时间历练的过程。不要指望今天抽了一根雪茄，明天就可以变得魅力十足。味蕾、内涵和性格都需要慢慢修炼，只要坚持所爱，总会有一天迎来更酷的自己！

第 43 条规则

雪茄是女人妩媚的语言

历史上女人与男人一样，都是雪茄最早的体验者。在美洲地区，雪茄开始时是土著民族用于治疗疾病的药物，同时也是巫师与天神沟通的媒介。当时，土著的巫医大多为女性。到了维多利亚时代，在欧洲的上流阶层中，女人抽雪茄更是司空见惯的事情，各种社交场合中都能看到女性抽雪茄的身影。人们为了更加方便地抽雪茄，甚至发明了著名的吸烟装。

上世纪 90 年代，好莱坞女演员黛米 · 摩尔抽着雪茄登上《时尚》杂志，掀起了一场女性抽雪茄的时尚风潮。无独有偶，加拿大超模琳达 · 伊万婕莉塔曾经手持雪茄为十余家杂志拍摄封面。她对雪茄喜爱有加，曾公开表示：“当你焦躁不安，想做些什么排解一下胸中的烦忧之时，点支雪茄便会给你一种最妙的感觉。倘若这个时候，身边有个可以聊天的朋友，那就更如人意了。”

近年来，抽雪茄成了许多女性享受生活、追求个性的选择。从女明星到艺术家、企业家，越来越多优秀且具有一定影响力的女性为雪茄文化的传播做出了贡献。

在今天看来，性感和优雅都是对女人的夸赞，而雪茄香气萦绕指间，能集两种特质于一身，赋予女人另一种别致魅力。女人修长

“我抽雪茄五十年了，它给了我保护，也是我斗争的武器。这五十年，雪茄大大提高了我的工作能力，也大大增强了我的自控能力。”

—— 西格蒙德 · 弗洛伊德，奥地利心理学家

纤细的手指，轻轻捏住雪茄，性感、优雅又可爱，是一幅美妙画卷，别有一番风韵，显得妩媚动人、风情万种。

随着社会的发展，当代新女性的精神核心也发生了变化，独立、自信、活力、上进等等成为女人的新魅力标准。一根雪茄，代表着优雅、阳光、向上的精神之美，给女性平添了三分妩媚，用一种无声的语言，诠释着自信与美丽。

女人修长纤细的手指，轻轻捏住雪茄，性感、优雅又可爱，是一幅美妙画卷，别有一番风韵，显得妩媚动人、风情万种。

第 44 条规则

会抽就行了，你不需要成为专家

抽雪茄其实是一件非常容易的事情，并没有想象中困难，你只要掌握一定的技巧，不断尝试，就可以进入“会抽”之列了。就像你去餐馆吃饭，只需要知道食物是否美味可口，而不需要像厨师必须懂得烹饪的道理一样。

对于雪茄最好的学习是在与茄友们交流探讨和多次尝试中获得相应的知识，根据自己的兴趣进行选择性记忆，这会让自己的知识和经验储备更加扎实。但有些雪茄爱好者常常会受到某些影响陷入“知识焦虑”，总觉得自己还不够专业，想尽办法学习各种有关雪茄的知识，甚至去钻研专业的雪茄烟叶种植理论。这样的做法给抽雪茄带来了负担和压力，是不值得提倡的。

如果你对成为雪茄专家乐此不疲，且在这一过程中感受到了幸福、成就和快乐，那就继续认真研究吧。但如果这种做法给你带来了负担和焦虑，那就在内心里告诉自己：“会抽就行了，我不需要成为专家！”

“我不喝酒，不抽烟，睡眠充足。
这就是我保持百分百的状态且捷报频传的原因！”

——蒙哥马利将军对丘吉尔说

“我嗜酒如命，很少睡觉，酷爱雪茄。
这就是我保持百分之二百的状态且指挥你获胜的原因。”

——丘吉尔回答说

如果这种做法给你带来了负担和焦虑，那就在内心里告诉自己：“会抽就行了，我不需要成为专家！”

三、关于雪茄店的规则

雪茄新规则 THE NEW RULES OF CIGAR

第45条规则

雪茄时间是真正属于自己的时间

雪茄时间是真正属于自己的时间，是纯粹私人的精神和味觉体验。在感官的世界里，耳朵里听到的与眼睛里看到的，都可以与人共享，唯有味觉是百分百的私人体验。

一款雪茄在一千个雪茄客的心中，有一千种味感组合，在一千段时光里能迸发出上千种不同的心境与感悟。雪茄的味道不是简单嗅到或尝到，而是一种摄取，是一种追根溯源，跟我们的情感、记忆直接联系。味道，是通向记忆的门，尘封已久的往事片段，可能在某一天被一根雪茄微妙的味道唤醒。这种经历是极其私密的，它往往在静默中发生，完全属于我们自己，无论它代表的是快乐、美丽还是苦涩、难咽，它都会在某一刻让我们动容。

或许正因为这是一项私人的精神、味觉体验，数百年前的贵族们才会在家中建造一个专为雪茄时间而服务的空间，这就是早期的私人雪茄室。后来，时代更迭，社会快速发展，专业的雪茄店、雪茄吧大批涌现，可以抽雪茄的场所越来越多，这些地方经常被人称为“您专属的私人空间”。

无论是自己单独静坐小憩，还是与三两朋友相聚，抽雪茄的体验都是极其私密的经历，这种经历与个人的精神世界紧密联系。让

“堵车时人很容易紧张，我就用抽雪茄来放松。”

——迈克尔·乔丹，美国篮球运动员

这段专属于自己的时间被美好感受记录，或许在很久以后，这种颇具幸福感的时刻会再次被某种雪茄的味道唤醒。

雪茄有一个颇为神奇的特质：它与时间相连。假如你购买了一盒十支装雪茄，假设每一支雪茄的品赏时间为一小时，那么你也就等于为自己存下了十个小时的私人时间。雪茄是利用味觉来表现时间的载体，在这些点缀了时光的味道里，总有几种能让美好就此凝固，让我们释放自己、奔向快乐！

雪茄有一个颇为神奇的特质：它与时间相连。

第 46 条规则

每个雪茄店都是一个社交圈

在我们所处的这个时代，谁都离不开社交，在社交过程中，我们可以掌握更多的信息、获取更多的资源。社交并不是一个空洞的过程，它需要一个甚至多个媒介。这个媒介可以是美食、美酒等实物，也可以是内容，比如共同的话题、兴趣、身份等等，而雪茄在今天被普遍认为是最主要和最有效的社交媒介之一，它能让社交变得更有温度和深度。

实际上，雪茄从诞生的那一天起就有着天然的媒介属性。数百年前，雪茄在很长一段时间里都是一个神圣的媒介，祭司用它来与神进行沟通，高级别的土著领袖们聚在一起，以抽雪茄的形式相互交流，获得信息、建立友谊，这其实也是一种早期的社交方式。

今天，社交的场地、方式和内容都发生了变化，而雪茄这种社交媒介在发展中也衍生出了一个特别的场景——雪茄店，每一个雪茄店本质上都是一个社交圈，是一种高端生活方式的载体。

如果去过雪茄店，你就会发现一个有趣的现象：每一个顾客都十分愿意和店主交朋友。这个现象在其他零售行业并不常见，其内在的逻辑是：雪茄店主更像一个社交中心，他以雪茄作为媒介，汇集诸多雪茄爱好者，如此也就打造了一个社交平台，互不相识的客人们因此相识、相知，成为朋友，相互交换信息，从而开启新的友谊与合作。

雪茄店主因为能提供和推荐优质的雪茄和服务，因此被这个社交圈所信赖，成为理所当然的核心人物。在这个社交圈里，大家虽然来自不同的行业，成长背景也不尽相同，但都拥有一个共同的爱好——抽雪茄。往往话题从雪茄开始，却能延伸到工作、生活的方方面面。这很好理解，抽一根雪茄至少要一个小时的时间，当雪茄的话题聊完之后，新的话题和内容也就顺理成章地补充进来了。

雪茄的社交圈也有着极大的凝聚力和黏性。不断有新的雪茄产品面市，雪茄背后的故事成千上万，让雪茄爱好者永远不缺少话题和谈资。雪茄一旦成为一种爱好，就很难被中断，这些特点让雪茄店可以成为客人长久依赖的社交平台。

每一个雪茄店本质上都是一个社交圈，是一种高端生活方式的载体。

选择一家你喜欢的雪茄店，将这种夹在指尖的优雅社交进行到底，说不定惊喜和收获会接踵而来。

延展阅读：雪茄社交中，这些事不要做！

1. “虐待”雪茄，包括强行掐灭、反复点按等。
2. 剪掉太多雪茄。这让人觉得你根本不了解雪茄。
3. 从来不在专业雪茄店中买雪茄。这让人怀疑你抽过的雪茄是否正宗。
4. 对雪茄用具毫不在乎，没有自己专属的雪茄用具。
5. 拿着雪茄在空中挥舞。这让别人很害怕，你的烟灰随时都会掉落，给旁边的人带来小麻烦。
6. 对别人指指点点，总想纠正别人。抽雪茄是很随意、惬意的事情，每个人都有自己的习惯和自由，请不要破坏别人的兴致和心情。
7. 未经允许，不要拿着别人的雪茄在口鼻处嗅闻。

GREATWALL LIFE
长城优品

第 47 条规则

每个雪茄店主都酷爱雪茄

经营一家雪茄店，并不是一件容易的事情。店主不仅要有丰富的雪茄知识，还肩负着培养专业人员的重任，并想尽办法为客人提供完美的配套服务和品鉴环境。作为雪茄社交圈的核心人物，店主还是这个圈层的经营者、组织者和管理者，他必然也是社交高手。如果一个雪茄店主不热爱雪茄，那他的雪茄店是注定无法长久经营的。

如果有在欧美有游历的经验，你就会发现，很多雪茄店已经存在 50 年以上了，甚至跨代际经营，往往店主的父辈也做雪茄生意。尽管后辈们在事业上其实有更多的选择，但老一辈经营者乐意将他们对雪茄的爱好传承给子女，因此培养一个合格的继承人并非难事。

在雪茄圈子中，经常会发生这样的情况：有些人因为太喜欢雪茄，从顾客变成了店主。最著名的一个真实故事发生在伦敦。位于伦敦市梅菲尔蒙特街 106 号的雪茄店于 1961 年创建，初代店主人叫德斯蒙德 · 索特。当年雪茄店里有一个每天来光顾的客人，名叫劳伦斯 · 戴维斯。他不仅喜欢雪茄，还非常喜欢这家雪茄店，曾在雪茄店成立 25 周年之际提出收购意向，但当时店主人并不舍得出售。直到 2006 年，劳伦斯在“软磨硬泡”下，终于成功买下了这家雪茄店，从那以后他的家人将其经营至今。

“如果你不能汇款，就送雪茄。”

——乔治 · 华盛顿，美国政治家、军事家

因为太喜欢雪茄的味道和氛围，许多深度雪茄爱好者开始打造属于自己的雪茄空间。他们以收集雪茄、亲手设计自己的雪茄店、与更多雪茄客交朋友为乐趣，甚至放弃自己原有的主业，倾心倾力投入雪茄事业，而且一坚持就是数十年。卡里罗雪茄品牌创始人埃内斯特 · 卡里罗曾说：“一个人一旦选择经营雪茄事业，就不可能中途放弃转行，即便转行，雪茄也总有一种魅力再把他拉回去。”

世界上每一家雪茄店的店主都有一个爱上雪茄的真实故事，别怀疑他们的真诚、热情和专业，若非出自挚爱，他们不会面对种种困难和挑战，将雪茄作为自己终身为之奋斗的事业。

如果一个雪茄店主不热爱雪茄，仅仅想随着潮流分一杯时代红利之羹，那他的雪茄店是注定无法长久经营的。

第48条规则

雪茄店是适合放松、交流和思考的场所

雪茄店是适合放松、交流和思考的场所。

每家雪茄店通常都有自己的风格和特色。尽管装修风格不同，但它们都致力于创造一个放松、温馨的环境，能够让人放下疲惫和烦恼，充分交流和思考。雪茄店内通常都有舒适的沙发区，清幽的音乐响起，能够让人很快进入放松状态，随后再点燃一根雪茄，就开启了一段无限享受的味觉旅程。

在雪茄店内，你可以独自静坐，彻底放松，享受私人时空；也可以约上三五朋友一起，畅快闲谈，让惬意再多几分热烈；你可以抽上一根雪茄，喝一杯威士忌，翻开一本书或闭上眼睛，让灵魂暂时停下行走的脚步，在冥想和思考中为自己充电。

雪茄店无疑是一个多功能的小天地，只要有雪茄相伴，我们立刻就能感受到生活的美好之处，可以在其中发现更多的生活乐趣，体会最纯粹的享受。

尽管装修风格不同，但它们都致力于创造一个放松、温馨的环境，能够让人放下疲惫和烦恼，充分交流和思考。

第 49 条规则

侍茄师能够让你完美地挑选和享受雪茄

侍茄师的原文是 Habano-sommelier，这是个合成词。Habanos 在西班牙语中意为“哈瓦那的”，而 sommelier 的英文意思是“侍酒师”。过去，在大多数人看来，哈瓦那是优质雪茄的代名词，因此我们将这个词翻译为“侍茄师”再合适不过了。

我们对侍酒师、咖啡师、甜点师并不陌生，但却很少有人去特意了解侍茄师。如果非要概括一下他们的工作内容的话，那就是品鉴、搭配、组合、推荐。

一位出色的侍茄师同时也必然是一位优秀的侍酒师。他不仅拥有唤醒雪茄灵性的能力，也要不断探索雪茄与美酒的搭配技巧；他必定精通雪茄和酒，除此之外还要涉猎咖啡、甜点、烹饪以及美学等方面的知识。当客人需要在美酒和雪茄的碰撞下来一次感官之旅时，他既能优雅地操作开瓶器和醒酒器，也能娴熟地摆弄雪茄剪和打火机。从某种角度来说，侍茄师需要长期和味觉、视觉、感觉打交道，他们绝对是游走在感官世界中的佼佼者。

虽然雪茄与威士忌是公认的良配，但侍茄师往往更酷爱“偏门”搭配。有人用 1982 年的拉菲红酒配上一支 1982 年的雪茄、用路易十三配上一支长城 1918 雪茄，也有人用波特酒、贵腐酒来与雪茄

“在乘风破浪之际，我依然能轻易点燃雪茄。”

——欧内斯特·米勒尔·海明威，美国作家

作配，总之只有你想不到的，没有侍茄师配不好的。近些年来，侍茄师们对于雪茄在型号、规格、品牌、特点等方面的了解越来越透彻与深刻，而他们对于雪茄与饮品之间的搭配也显得愈加精妙诱人，创意往往十分大胆。侍茄师在搭配中所选用的饮品也不再仅仅局限于朗姆酒、干邑以及威士忌等传统搭配，龙舌兰、伏特加、红酒、香槟、鸡尾酒等都逐渐成为与雪茄相配的主角。

这些年来，随着国际侍茄师赛事的宣传推广，这一职业正在走入中国人的视野，也越来越受关注。但它并不是一份能够轻易胜任的职业，而是一项与侍茄、侍酒和配餐、社交都有关系的工作，需要投入大量的精力学习、练习，也需要长久的时间和丰富的经验。

如果非要概括一下他们的工作内容的话，那就是品鉴、搭配、组合、推荐。

延展阅读：关于侍茄师，你应该知道的几件事

1. 与品烟师天差地别

品烟师的从业资格证书是“感官评吸资格证”，他们主要帮助烟草产品的开发和维护，不与客人直接接触。虽然两者有很大区别，但是他们也有一个共通点：都需要有敏锐的感官和丰富的烟草知识。

2. 参加侍茄比赛的选手都是侍酒师

既然侍茄师都是“多面手”，那么侍烟的基础必然是侍酒。值得一提的是，参加国际侍烟师大赛的选手本身都是出色的侍酒师。

3. 侍茄师也是配餐专家

侍茄师不仅精通雪茄和美酒知识，同样也是一个不错的配餐行家，他们可以根据客人的需要，给出雪茄、饮品与餐点的最佳搭配。

4. 侍茄师的生活有诸多限制

作为一名称职的侍茄师，生活上还有很多限制：比如洗手时不用香味浓郁的洗手液，女侍茄师更是不用护手霜和味道很浓的化妆品，否则会对品鉴产生影响。通常侍茄师们也不吃口香糖，以免影响自己的味觉。

第 50 条规则

每个城市都有一家很棒的雪茄店

只要你拿起手机，在地图上面搜索雪茄，就可以瞬间找到所在城市的所有雪茄店。今天，几乎在每一个经济发达的城市，都能找到一家很棒的雪茄店。

近几年来，随着中国雪茄市场和国产雪茄的快速崛起，国内各地区的雪茄店如雨后春笋般涌现出来，而且这种趋势正在从一、二线城市向三、四线城市蔓延。国内专业雪茄媒体和侍茄师课程的出现，也让雪茄文化在大陆地区的传播速度加快了，这在无形中又推动了一批又一批精英加入雪茄经营者的群体。

世界上的特色雪茄店的确有很多，随着旅游路线去发掘这些雪茄店也是一大乐事。我们在这里要介绍两个出类拔萃的雪茄店，它们都是中外优秀雪茄店的代表。

新一代的雪茄零售商们有着更为宽广的眼界，也有着时代特征鲜明的个性和风格，且对品质、时尚生活有着孜孜不倦的追求。

伦敦一直以来都被雪茄客们认为是全球购买雪茄的最佳城市，尤其是陈年雪茄。英国与古巴雪茄的渊源可以追溯到几百年前。英国古巴雪茄总代理公司亨特和弗兰考公司（Hunters and Frankau）是世界上最早的哈伯纳斯雪茄分销商，它已有 230 年历史了。亨特曾经是世上唯一拥有和管理古巴雪茄工厂经验的非古巴籍人士。

位于圣詹姆斯大街 19 号的詹姆斯 · 福克斯雪茄店（James J. Fox）则是世界上第二古老的雪茄店，这家雪茄店的历史可以追溯到 1787 年，是英国最古老、世界第二古老的雪茄店（编者注：世界最古老的雪茄店是位于巴黎的 A la Civette，成立于 1716 年），多年来备受众多名人青睐，这其中最著名的就是温斯顿 · 丘吉尔。正是因为这位尊贵的客人，后来他们还特意在地下室建了一个雪茄博物馆。在这个博物馆里，你会看到无数与丘吉尔爵士有关的藏品：各种当年的订单、账单、原版雪茄盒、雪茄、照片以及“王冠之珠”——丘吉尔爵士曾经坐过的皮革扶手椅等。雪茄店内保湿房里收藏着大量的古巴雪茄和新世界雪茄，还辟有两个专门的区域收藏陈年稀有雪茄。他们出售的大部分陈年雪茄都是按单支卖的，通过一支雪茄品尝一段历史，是一种不错的尝试。值得一提的是，这间雪茄保湿房非常特别，里面储存着一些禁运前的雪茄，可供销售。

如果你觉得在国内寻找好的雪茄吧还有点儿茫然，那么不妨去长城优品生活馆体验一下。这是由四川中烟开办的全国首家以雪茄经营为主的烟草集合店，是一个在中国快速发展的雪茄连锁门店，只要你身处一二线城市，就极有可能找到一家长城优品俱乐部或者生活馆，这种趋势甚至已经向三线城市蔓延。长城优品生活馆不仅仅是一家专业的雪茄店，更是一个有文化、有思想、有腔调的新型

"我需要大约一千支雪茄，明天早晨，给你所有有雪茄的朋友打电话，尽你所能多弄些雪茄。"

——约翰·肯尼迪，美国第35任总统，
他在宣布对古巴实行禁运前这样对秘书说

消费空间，集合了以雪茄为主的各类高端生活元素，呈现了一个极富想象力和创造力的消费场景，旨在分享优品产品理念，传达无限生活可能，帮助大家体验优品生活情趣。

位于成都交子大道金融城核心区的长城优品俱乐部（中海旗舰店）是四川中烟投资开设的第一家长城优品俱乐部。俱乐部采用简约、现代的装修风格，处处透露着精致与闲适。店内专门辟有一间独立的超大的雪茄保湿房，陈列井然有序。最让人心动的还是品类齐全的长城雪茄：132系列、GL系列、盛世系列……品质权威，货源充足。茄房可以免费寄养雪茄，服务十分专业周到。雪松木香味弥漫的茄房，常年恒温恒湿的环境，让每一支雪茄都在尽情释放它的魅力，无论你是新手入门，还是饕餮老茄友，总能在侍茄师的介绍下找到一款最适合的雪茄。除雪茄产品外，茄房内还有精美大气的展陈柜，摆满了各类奢华的雪茄配件供茄客选购。长城优品俱乐部（中海店）已成为成都金融城CBD写字楼宇间追求品质的绅士学习和交流雪茄的乐园。

我们不得不承认，新一代的雪茄零售商们的确有着更为宽广的眼界，也有着时代特征鲜明的个性和风格，且对品质、时尚生活有着孜孜不倦的追求。这让每一家雪茄店都充满了独特魅力，也造福了它附近的雪茄爱好者。

请相信一点，只要认真寻找和发现，总能在你所在的城市找到一家优秀的雪茄店！

烟草
长城优品
GREATWALL LIFE
俱乐部 | CLUB

咖啡
长城优品CLUB
GREATWALL LIFE
轻食
书籍
文创

第 51 条规则

雪茄店的保湿房非常重要

雪茄保湿房是所有雪茄店的必备独立空间。雪茄店最宝贵的财富就是雪茄了，雪茄状态的好坏直接关系到客户的满意度和整体生意状况。娇贵的雪茄是有着生命力的奢侈品，它们有别于名车与珠宝，需要全天 24 小时的精心养护，而能够为大量雪茄提供优良“养育”环境的地方就是雪茄保湿房。

雪茄保湿房的大小要根据雪茄店的大小而定，通常在 8~30 平方米。一个优秀的保湿房应把控好四个关键点：材质、温度、湿度、密闭性。

雪茄保湿房大部分的材质应为保湿性能良好、无特别气味且可以防虫蛀的木材。目前最佳的材质是香洋椿木，也就是我们常说的西班牙雪松木。雪松木防腐防潮，能够有效控制房内的湿度，它有淡淡的清香，不会影响雪茄的味道，却能在雪茄陈化的过程中使其香味更上一层楼。除此之外，桃花心木（又称奥古曼）也是不错的选择，桃花心木无气味，防潮防腐防蛀，也是很多高端雪茄保湿盒品牌热衷采用的木材。

养护雪茄的温度不可过低或过高，低温环境会引发整体湿度的下降，导致雪茄干裂、爆开；高温环境则会容易影响雪茄的风味和口感。一般来说，雪茄保湿房的温度范围是 16~22 摄氏度。

一个雪茄保湿房的核心技术就是对恒定湿度的控制。湿度对雪茄的影响最大，雪茄的燃烧、风味与保存湿度有很大的关系。雪茄的香气主要来自烟叶的油脂含量，油分越充足则雪茄越香浓，当湿度过低，油脂含量就会逐渐下降，导致雪茄的香气和回味感下降；但湿度也不能过大，过湿的雪茄容易多次熄灭，味感也逊色很多。通常来说，雪茄的最佳保养湿度范围是 65%~72%。

最后要强调的是保湿房的密闭性。密闭空间才能够保证恒温恒湿，合格的雪茄保湿房一般使用电动自动式落地玻璃门窗。值得注意的一点是，雪茄保湿房对玻璃的材质也有一定的要求，需要防强光、防静电，且能有效防止冷凝水的形成。

现在，专业的雪茄保湿房设计与建造公司越来越多，只要提出你的需求，与专业的公司合作，拥有一个优质的雪茄保湿房也并非难事。

一个优秀的保湿房应把控好四个关键点：材质、温度、湿度、密闭性。

延展阅读：有关西班牙雪松木的常识

西班牙雪松木并不生长于西班牙！ 它的中文学名叫洋椿，拉丁语名字为 *Cedrela Odorata*，主要产地是中美洲和加勒比海地区。它被称为西班牙雪松是因为中美洲和加勒比海地区以前多是西班牙的殖民地，这种树木与西班牙的雪松极为相似。

还有一种用于打造雪茄保湿房的优秀木材叫“加拿大雪松”。 准确地说，它应该叫北美乔柏，也叫西部红柏，生长在加拿大卑诗省沿海森林中，是一种生长缓慢、具有天然耐久性的树木。它有类似于西班牙雪松木的松香味，但没有西班牙雪松木的“香樟”味和“香椿”味，是保存和醇化雪茄的优良木材。

第 52 条规则

即便是新的雪茄品牌也能够让你有惊艳的感觉

雪茄这门古老的味觉艺术，曾经以传统信条为核心价值，从口味到外观，在过去的数百年中鲜有变化，经典品牌往往历经百年仍屹立不倒。但最近十多年以来，雪茄产业正在发生着翻天覆地的变化。新时代的来临，让全球优质雪茄产业集体进入了一个快速发展期，为了吸引新一代消费者入门，雪茄行业开始对深深根植于过去的陈旧美学、味觉观念进行革新。在这个不断探索和改进的过程中，许多曾经很受欢迎的老牌子逐渐消逝在人们的记忆中，无数新品牌则在极短的时间内演绎出一幕幕风味的传奇。

这个变化可不简单。就连古老的哈瓦那雪茄也在推陈出新，近几年来，每年的古巴国际雪茄节上，哈瓦那雪茄都会发布数款新品，新品在外观设计和风味调配上都令人耳目一新，它们抛弃了品牌的一部分传统元素，新的口感和包装迎合了新一代消费群体的青睐，同时也冲淡了爱好者对品牌陈旧口感根深蒂固的印象。

与哈瓦那雪茄做出相同选择的还包括中国本土的雪茄品牌。以长城为代表的国产雪茄在近几年内都推出了多个全新产品系列，新品更注重文化定位、混合风味以及外观新美学，在国内市场取得了巨大的成功。比如，长城的 GL1 号、揽胜 3 号、132 奇迹，都是在传统工艺的基础上打造更多新元素、新亮点，更重视层次感与丰富

“我经常梦到雪茄，有时还梦到自己在抽雪茄。”

—— 菲德尔 · 卡斯特罗，古巴革命家、政治家

味感的体现，一经面市就获得了良好的市场反响和口碑。

千万不要以品牌的“年龄”来评判其产品，许多新品牌在风味调配上都有自己的新亮点，让人初尝亦有惊艳之感。近几年来，多米尼加、尼加拉瓜等地区的新品牌大量涌现，其中不少品牌都在市场上很受欢迎。新品牌往往在发酵和调配上花更多心思，通常的做法是：选择多个地区不同品种的烟叶，制造出复杂、丰富的新风味，同时更多使用陈化多年的烟叶为原料，营造出柔和、醇美的口感，非常适合新手入门。

雪茄行业正在经历一个创新变革的大时代，这是无法扭转的大趋势。新一代雪茄客们不再将目光仅投向那些所谓的产自古巴的经典老牌，新品牌、新产品越来越得到雪茄爱好者的广泛关注、期待和尝试。

千万不要以品牌的“年龄”来评判其产品，许多新品牌在风味调配上都有自己的新亮点，让人初尝亦有惊艳之感。

第 53 条规则

雪茄店的环境应该是友好而舒适的

抽雪茄需要一个静谧、舒适、温馨的环境，在这样的氛围里才有良好的感受和体验。雪茄店的环境和氛围营造，同样是一门学问。专业雪茄店的面积应大小适中，如果是以销售为主，100 平方米就足够了；如果要增加现场消费和体验，则面积至少应在 200 平方米。雪茄店内部的陈设应张弛有度，过于紧凑的布置会让人感觉压抑，过于空旷的空间又会让人缺少温馨之感。

特色鲜明、风格统一的雪茄店，会让雪茄客记忆深刻。加勒比的风情，意大利式的精致，新中式的雅韵，都可以打造出专业、舒适、漂亮的雪茄店。但切记格调尽量保持一致，切莫分成几个区域且风格迥异，纷乱的环境很难让人真正进入平和的心境。

灯光和音乐的使用也极为重要。暖调、微暗的灯光和轻柔曼妙的音乐，都是美好氛围的强助攻。除此之外，服务人员的语气和动作都应该尽量优雅、柔和，让客人在感觉亲切友好的同时也感到舒适。

雪茄店的环境打造和氛围营造，是一门学问，也是为客人做好优质服务的第一前提。

雪茄店的空气尤其重要。闭塞的空间，空气流通不畅，房间内很快就烟雾缭绕，这是打造舒适度的大忌。整体空间应设有科学合理的排风系统，包厢尽量与露台或小庭院连接，可最大程度地驱散烟雾、交换新鲜空气，过于密闭的区域也可以适当添置专业的烟雾净化器。

长城优品CLUB
GREATWALL LIFE

延展阅读：雪茄店如何营造氛围？

1. 合理规划空间

要给店内的空间画一张平面图，合理布局，规划出货架陈列区域、养护区域、柜台、客人体验区域（沙发区域）、烟具陈列空间等。尽量合理利用每一寸空间，整体环境要舒适温馨，但没有拥挤的感觉。

2. 货架的陈列

货架是主体，货架上的雪茄盒子应该尽量打开，让优质雪茄露出来，以便顾客对雪茄有一个直观的认识。整盒封闭的雪茄货品可放在玻璃储藏柜里。当然，整个雪茄陈列的区域都需要在一个恒温恒湿的空间里。

3. 点缀与装饰

为了凸显雪茄文化气氛，好的装饰和点缀是必不可少的。首先，要制作或购买有雪茄元素的挂画，废旧环标做成的玻璃罐也是必不可少的，还可定做或购置一些与雪茄相关的玩偶雕像等小物。其次，对于灯光和吊灯的运用也非常重要，尽量选用复古的西式灯具，根据沙发、烟具、装饰物的整体颜色和风格来制造温柔的灯光。

4. 音乐的运用 ☑

好的雪茄吧内一定伴随有美妙音乐。为了更好的听觉享受，建议音乐尽量选用蓝调、爵士、拉丁等音乐。音乐声音不宜过大，调整到可以作为人们谈话的背景声音即可。

5. 读物陈列区 ☑

店内应该至少有一个小书柜或读物陈列区，摆放中英文雪茄文化杂志、雪茄鉴赏书籍等，以便让顾客在享用雪茄的同时，了解更多雪茄文化知识。

第 54 条规则

了解雪茄店所经营的品种是一件有趣的事

当我们怀着满心期待，走进一家雪茄店，就如同打开了一个雪茄世界的万花筒，你会发现：了解雪茄的产地、品种和口味是一件非常有趣的事情。

当然，雪茄店所提供的产品不止雪茄，还有烟具配件、烟斗、酒饮，甚至于古董、服饰以及私人定制的各种物件。不要怕浪费时间，尽可能对每个区域进行观摩，了解你感兴趣的产品以及它们背后的故事。一般来说，雪茄店的工作人员在为你介绍产品的时候，他也乐在其中，这是雪茄零售从业者的基本职业操守。

了解每一款雪茄、每一款配件、每一种酒饮以及各种有趣别致的小物，同时也是了解雪茄文化的过程。这可比单纯地学习书本上的知识点要印象深刻多了，也是最快、最高效的一种学习方式。在这一过程中，我们会和雪茄店主交上朋友，获取到最直观、最有价值的信息，这也是雪茄带给我们的好处之一：用心去探索，发现新乐趣。

不要怕浪费时间，尽可能对每个区域进行观摩，了解所有在营的产品以及它们背后的故事。

第 55 条规则

所有的雪茄店都有配件和配品销售

雪茄店是一个汇集多种雪茄周边产品销售和体验的综合体，除了雪茄之外，几乎所有的雪茄店都有周边产品出售。即便是一家极小的雪茄店，也是麻雀虽小、五脏俱全。

雪茄用具和配件，作为抽雪茄的必要工具，与雪茄是形影不离、相辅相成的。如果你想购买一套雪茄专业用具，去雪茄店无疑是最好的选择。工作人员会向你介绍，根据你的需求推荐合适的配件，并且还会让你现场体验试用。

除了雪茄用具之外，各种咖啡、红酒、威士忌、饮料等也是雪茄店的主营产品。很多雪茄店还提供匹配雪茄生活方式的各种相关商品，比如烟斗、私服定制、古董银器、字画等高端产品与服务。

凡是与有格调的生活方式相配的商品、服务，都可以装进雪茄店中，一个好的雪茄店就像雪茄客们的私人之家，闲暇时可供小憩，需要时可供索取，让生活的细节更精致，让重要的时刻更美好。

即便是一家极小的雪茄店，也是麻雀虽小、五脏俱全。

第 56 条规则

雪茄配饮的浓度不要高于雪茄的浓度

可以与雪茄搭配的饮品有很多，但必须遵循一条基本原则：雪茄必须是搭配中的主角，配饮的浓度不要高于雪茄的浓度。

干邑是最为传统的雪茄伴侣，威士忌是雪茄的“官配”，除此之外，朗姆酒、香槟、白兰地、葡萄酒和波特酒，也都能成为雪茄的好朋友。也有人习惯配合一部分雪茄浓郁的朱古力、咖啡、可可豆的味道，来上一杯咖啡相佐伴。对饮品的选择，其浓度取决于雪茄的浓郁度，一般来说饮品的浓度要比雪茄等级略低，这样搭配，雪茄的浓度、风味、层次感不会被配饮遮盖，而配饮则能够与雪茄进行碰撞，制造出更丰富的味感。

雪茄和饮品，没有最佳的搭配，只有个人最喜欢的搭配。但是建议你轻易不要选择烈过雪茄的酒，那会掠夺雪茄的味道，得不偿失。在抽雪茄的时候搭配一杯适合的饮品，还会有一个好处：雪茄中的香气和甜味与配饮中的香气、蜜味将被同时激发出来，令品鉴的过程更为愉悦、舒爽。

雪茄必须是搭配中的主角，配饮的浓度不要高于雪茄的浓度。

第 57 条规则

陈年的雪茄更有价值，但也并非时间越长越好

雪茄会随着时间推移继续醇化，变得更加醇厚、细腻、柔和。这一特质无疑为雪茄爱好者们开辟了感官享受和收藏雪茄的新通途。

就像很多收藏家们渴望珍品，雪茄客们对雪茄也有着某种执念。雪茄，尤其是著名品牌的优质陈年老茄，在爱好收藏的资深茄客眼中就是一件珍贵的艺术品和藏品。

与刚拿到雪茄就抽掉相比，消费陈年老茄已然成为另一种风尚，无论在“传统富贵阶层”(old money) 的圈子，还是在“新时代新贵”（new money）的世界里，都蔚为流行。事实上，世界各国都不乏一些“疯狂”的雪茄爱好者和收藏家，长期以来他们养成了储存稀有雪茄的习惯，尤其是一些被称为上品的陈年老茄，简直可以称得上是收藏家们所竞相追逐的“瑰宝”。

关于陈年雪茄的专业术语，我们常提到或看到的有“Anejados”（西班牙语，表示年份）、“Vintage”（西班牙语，表示陈年）。实际上，Anejados 和 Vintage 的陈年指的是雪茄在工厂完成卷制后在最佳温度和湿度条件下在盒中继续进行了陈化。

CIGAR
Whisky

依据从卷制完成到最终点燃、品抽所经历的时间，按照公认的准则，雪茄有两种分类：新雪茄与陈年雪茄（请注意，当雪茄制作完成并在盒中至少放置 5 年时间，我们才能称之为陈年雪茄）。

不少专业文献都描述过雪茄醇化的过程：雪茄一旦卷制完毕并放入包装盒后，就会开启另一段醇化过程。在这一过程中，会一直产生发酵、氧化和其他化学反应，随着时间的流逝，不同储存条件和浓度的雪茄，在气味和味感上会出现明显的区别。

与新卷雪茄相比，陈年雪茄在芳香度上更为复杂，强度和甜味的感觉更为明显。陈年雪茄的感官体验是平衡而微妙的，前中后三段间的转折过渡更加自然，在降低了烟叶杂气和刺激性的同时，雪茄的重量也变轻了，因此抽吸时间更短，烟灰也更为漂亮。

与新卷雪茄相比，陈年雪茄在芳香度上更为复杂，强度和甜味的感觉更为明显。

但雪茄也并非陈化越久越好，一般来说，口味比较温和的雪茄，存放超过 10 年，就会变得十分恬淡，可能会十分通透，但不再有馥郁的口感。但部分口味比较浓郁的雪茄，存放到 18~20 年的时候，才能到达其生命的旺盛期。因此，即便是陈年雪茄，也最好根据具体情况适时享用，让它在生命最有魅力的时刻释放出奔放的力量和美感。

第 58 条规则

保持抽雪茄的礼仪，会让你更具风度

抽雪茄是一件具有仪式感的事情，虽然我们可以不必在乎过于复杂的繁文缛节，但依然要遵守基本的雪茄礼仪，这会让我们看起来更具儒雅风度。

1. 挑选雪茄的礼仪

挑选雪茄前要充分考虑时间、状态、独处还是会客等因素，因为这些因素在你挑选雪茄的时候会发挥重要作用。一旦决定选用哪一款雪茄之后，先是目测，欣赏一下品相；再就是触摸，拿起一支雪茄，在手指间轻轻搓转。一般来说，手指触碰到茄身之后感到微微的弹性，就表明雪茄处于最好的享用状态。最后是闻香，轻轻接近鼻孔，闻一闻雪茄的香味。但如果是为别人挑选雪茄，就不要将雪茄凑近自己的口鼻处闻香，这是不礼貌也不卫生的。

2. 剪切与点燃的礼仪

比较忌讳的两点是：剪掉过多的雪茄，用大火猛烧雪茄。这两种做法都会让人认为，你不仅浪费雪茄，也不尊重卷烟师的手工劳动，同时也不真正了解雪茄。

3. 品鉴雪茄的礼仪

抽吸的频率放缓，过快的频率会给人以不稳重、浮躁的印象。

“我爱我生长的中国土地，所以我更爱中国土地种植出来的烟。我只有抽我们中国自己的烟，我写出来的东西才有中国的味道。而国产雪茄中，我独爱长城雪茄。”

—— 陈忠实，中国作家

雪茄讲究分享精神，在抽吸时，应该享受雪茄的香气和回味，并与人分享你的体会。拿雪茄的姿态要轻柔、稳重。雪茄会自动熄灭，不要点按雪茄，也不要强行掐灭雪茄，留给雪茄最后的尊严。

4. 雪茄社交的礼仪

手持雪茄，就应该态度平和，不要高谈阔论和激动地做大动作。抽雪茄的时候也应注重自己的穿着。在内心愉悦的状态下抽雪茄，能够让更多人欣赏你、喜欢你。

我们可以不必在乎古典社会中的繁文缛节，但基本的雪茄礼仪依然要谨记遵守，这会让我们看起来更具儒雅风度。

延展阅读：吸烟装

在旧时代的英国，一个贵族如果不会跳舞、骑马和抽雪茄，他就不是一个真正的贵族。英国人对待抽雪茄礼节非常严谨，初学者甚至会聘请专门的抽烟导师来教会自己抽烟礼仪。1599 年，圣保罗大教堂墙上张贴了一张告示："抽烟培训学校现在开班。"在维多利亚时代，吸烟装（Smoking Jacket）是英国的上流绅士在隆重的晚宴之后，脱掉燕尾服坐在吸烟室里抽雪茄时穿的一种便装，这样烟味就不会沾染到礼服上了，在当时这是种好习惯，干净、整洁、考究。后来在 1966 年，经过时装大师伊夫・圣・罗兰的改造，吸烟装变为一种流行的时尚礼服，男女款都有。吸烟装与雪茄有着千丝万缕的情愫。

第 59 条规则

专业雪茄店是可以代客储存雪茄的

专业的雪茄店都可以为客人提供储存、养护雪茄的服务。很多雪茄店的保湿房中，会为客人打造一些专属的雪茄存储箱，客人将购买的雪茄存放在这里，并配有密码锁，在需要抽雪茄的时候，客人可自行取用。这项服务既省去了在家里建造保湿房的麻烦，又不必随时将雪茄携带在身上，让许多消费者深感便利。

在代客储存雪茄这件事上，雪茄店往往极具包容度。客人的雪茄并不一定都是在店内购买的，也有可能是因为一次国际旅行而带回的，但这些并非在雪茄店购买的雪茄也在代客储存之列。如果你确实有需求，可以带上自己收藏的雪茄，不必不好意思，直接向雪茄店提出储存、养护的要求，雪茄店都会欣然应允。

很多雪茄店的保湿房中，会为客人打造一些专属的雪茄存储箱，客人将购买的雪茄存放在这里，并配有密码锁，可自行取用。

部分顶级的雪茄店，还有一种工作人员被称为“养护师”，他们的主要工作就是为客人养护雪茄。每天养护师都会精心查看雪茄的状态，随时调整，记录好雪茄的存放时间等信息。如果你的雪茄不小心干裂或受到了损伤，养护师还会帮助你修复雪茄外观，将雪茄的状态调整得更好。

值得一提的是，绝大部分雪茄店的这项服务是免费的，这是一项极其实用的增值专享服务。

第 60 条规则

抽到一支精心养护的雪茄是一件幸福的事

如果你拿到一支状态很差的雪茄，比如严重干裂、湿软、发霉……那就放弃它吧。状态不好的雪茄会有苦味、腐味和涩味，抽这样的雪茄就不是享受了，而是自找苦吃，这与雪茄的精神背道而驰。

但如果你拿到一支精心养护过的状态极佳的雪茄，千万要细细品尝，不要浪费！陈年、限量款的雪茄是可遇不可求的，状态优秀的雪茄同样是难得的。状态好的雪茄才能将雪茄的生命力完全绽放出来，在味蕾上开启一段变幻之旅，毫无涩感，取而代之的是成熟的醇和韵味，回味悠长。这是天地的馈赠，我们将感受到生长雪茄的土地上，雨露、阳光、森林、泥土的气息，我们将感恩生命的美好与自然的神奇。

一支精心养护过的雪茄，能将雪茄风味的魅力演绎到极致。能够享用这样的雪茄，是一种缘分，也是一件幸福的事！

一支精心养护过的雪茄，能将雪茄风味的魅力演绎到极致。能够享用这样的雪茄，是一种缘分，也是一件幸福的事！

第 61 条规则

在雪茄店往往会遇见一些志同道合的人

在雪茄店遇见志同道合者的概率很大，因为大家都有一个共同爱好——雪茄。

不仅如此，在交往中，你还会发现，他们往往与你有着相同的其他爱好、审美观甚至是价值观。这不难理解，喜欢雪茄的人，大多是热爱生活并且追求生活品质的人，他们很可能也热爱高尔夫运动、健身、艺术、音乐等等，很可能也喜欢交际，性格开朗。

从雪茄中寻求感官体验的人很少。雪茄客中最有趣的人就是视烟草为艺术的那些人，他们不能拒绝意识中享受烟草的愿望，他们会使用精美的烟具，使用艺术品烟盒，享受极品雪茄；重要的是当他们点燃雪茄之后，脸上流露的那种虔诚和专注。大部分雪茄客从雪茄中寻找的不是雪茄自身的自然物质，而是人们意识与精神世界中的寄托和灵性，雪茄客通过雪茄营造了自己的世界。

与志同道合的人建立友谊，也是每一家雪茄店创立时的初心。

雪茄的态度和精神，是积极乐观、阳光向上的，也是逍遥自在的，只要你喜欢，它便是你的世界。不仅如此，与志同道合的人建立友谊，也是每一家雪茄店创立时的初心。

第 62 条规则

烟斗与雪茄是一对好友

雪茄与香烟截然不同，但与烟斗却是一对好友。我们在现实生活中发现，雪茄客与烟斗客的重合率大概在 50% 左右！

雪茄和烟斗有许多相通之处，它们都是一种生活方式，都是一种味道的艺术，都讲究仪式感，都讲究手工的妙处，都可以让人沉静、享受思考和生活的乐趣。雪茄有持灰比赛，烟斗有慢抽比赛，雪茄和烟斗各有乐趣。

如果仔细观察，就会发现一些现象：有的人先爱上抽烟斗，随后过渡到抽雪茄；有的人先爱上抽雪茄，随后又喜欢上了烟斗。

现如今越来越多的烟斗商品也开始进驻雪茄店，纯粹的雪茄店或烟斗店已经不复存在，这加深了烟斗与雪茄之间的联系，也让更多人有机会同时接触两件事物，成为在烟斗和雪茄世界的“双行侠”。

可能正因为烟斗与雪茄是一对好友，现在越来越多的雪茄爱好者喜欢将雪茄和烟斗尝试多种充满乐趣的“结合”，比如：在雪茄抽到最后一段时，将剩余部分插入口径相当的烟斗中继续抽吸，这样既没有浪费掉任何一点雪茄，又从烟斗中领略了另一种雪茄风味。

宽窄
G.W.C
No 3

"给我一支雪茄，除此之外，我别无他求！"

——乔治·拜伦，英国诗人

不仅如此，还有人将雪茄抽剩后的"烟头"，裁剪掉两端后，打碎制作成烟斗丝，依据个人爱好喷洒少量朗姆酒或威士忌进行调和。存放一段时间以后，用烟斗抽起来，会有另一种令人欣喜的发现。

雪茄和烟斗都是一种生活方式，都是一种味道的艺术，都讲究仪式感，都讲究手工的妙处，都可以让人沉静、享受思考和享受生活的乐趣。

雪茄新规则 THE NEW RULES OF CIGAR

四、未来的雪茄新规则

第 63 条规则

雪茄是烟民更健康的选择

雪茄是烟民更健康的选择，这并不是一件什么新鲜事。早在1560年，法国驻葡萄牙大使让·尼古丁·维勒曼（Jean Nicot de Villemain）就将雪茄烟叶的药用功能写进了一份报告里。他认为，人们通过抽吸和外敷天然雪茄烟叶的方式，可以减轻疼痛，对头痛格外有效。此外，还可以治疗胸痛、胃痛，杀死体内寄生虫，缓解关节炎。后来，人们为了纪念他对烟草医用价值的发现，用他的名字命名了尼古丁。

雪茄是天然优质的烟草产品，单从成分和抽吸方式上，就能看出相较于香烟，抽雪茄更为健康。在这一点上，唯一的争议来自尼古丁。

经医学测试证实，雪茄和卷烟一样含有尼古丁，但尼古丁也许并不是危害身体健康的元凶。许多科学家都呼吁，我们需要重新审视尼古丁本身。一个事实真相是，许多茄科植物都含有尼古丁，比如番茄、土豆、菜花和枸杞等，但它们却是有益健康的。在没有从烟草制品中发现的其他化学物质的情况下，将同样的尼古丁添加到药品中，在帮助吸烟者戒烟方面是安全有效的。有科学家认为，尼古丁与其他化学物质结合，才会真正危害人体健康。

“抽雪茄好像坠入爱河，开端是入神于它的外形，
随之沉迷于它的口味。”

——温斯顿·丘吉尔，英国前首相、军事家

优质手工雪茄是纯天然烟草产品，其中的尼古丁也不会有机会与更多化学物质结合，基于这一点，美国 FDA 将优质手工雪茄归于特殊烟草产品，在法律和市场管控方面予以豁免。

很多抽香烟的人在改抽雪茄后戒掉了香烟，先前咳嗽、起痰的症状明显减轻了，身体状况也越来越好。一是因为手工雪茄不含化学成分，二是雪茄的抽吸方式更健康，不过肺也就避免了对肺部的伤害。全球研究人员对于这方面实例的研究，从来未曾间断过，你可以充分相信这一点：相对于卷烟而言，雪茄绝对是烟民更健康的选择。

你可以充分相信我们的经验：相对于卷烟而言，雪茄绝对是烟民更健康的选择。

延展阅读

今天，如果读读香烟盒的侧面，你就会看到“吸烟有害健康”的警示。然而，在烟草广为人知的旧世界，它被人们当作一种可以治愈所有疾病的药物，一种具有神奇力量的“灵丹妙药”：药剂师开出的药方，包括提取液，酊剂，输液用药物、药丸、药粉、糖浆、灌肠剂，治疗丘疹的药膏，治疗肠梗阻和哮喘、癫痫、法国病（梅毒）、斑疹伤寒和瘟疫的药物，都含有烟草的成分。

艾吉迪斯·埃弗拉德斯（Aegedius Everardus）、莫纳德斯（Monardes）等学识渊博的医生，以及丹麦国王西蒙·保利（Simon Paulli）的宫廷医师都对其疗效做过论述。植物学家还将这种植物引入荷兰，到1560年，他们开始试验和评价本国栽种的烟草的药用功效。1661年，威廉·坎普（Wilhelm Kemp）写道：“防止空气污染的最好办法就是吸一斗烟，纯烟草也好，与肉豆蔻片混合的烟草亦可，尤其是当人通过鼻子吸入烟气时，它能净化空气，驱散有毒的烟气。因为它融合了两种截然相反的力量，使身体在寒冷时感到温暖，在炎热时感到凉爽。抽烟人群不受任何限制，不分年龄和性别，不分国家，不分年幼，不分男女；亦不分多血质、胆汁质、抑郁质和黏液质等气质类型，没有任何损害。烟草的烟气改善了空气质量，将有害液体排出体外。”

这种神奇植物的名声在 17 世纪逐渐传开，特别是在霍乱和鼠疫肆虐整个欧洲的时候。面对这些流行疾病，医生们束手无策，别无他法之下只能建议隔离病患、抽雪茄、咀嚼烟草和吸鼻烟。普遍认为，在 1614 年伦敦大瘟疫期间，抽烟人群的患病率低于平均水平。威廉 · 巴克利（William Barkley）认为：“烟草，如果适度使用，将是全世界最好的药。”

——《世界烟斗发展溯源》

第 64 条规则

雪茄让你发现更多生活乐趣

有一个有趣的心理现象：雪茄客喜欢沉浸在完全忘我的雪茄世界中吞云吐雾、怡然自得。如果一个心理医生观察一个雪茄客享受雪茄的情景，他会告诉你：“我从未看到过一位紧张的雪茄客，他们安静沉着，在那个世界中闲庭信步。”

一个沉浸在雪茄世界的人，已经完全将雪茄融入他的血脉气场。如果你细细观察他抽雪茄的样子，甚至能大致判断出他的心态和性格。镇定地、大口地释放出烟雾，表明这个雪茄客在思考和做决定；小心翼翼地弹着烟灰，眼中充满柔情地看着螺旋上升的烟雾，表明这个雪茄客在幻想世界；雪茄在指尖轻轻地转动，则表明这个人自信满满。

抽雪茄之后，你会发现，你的味觉和嗅觉更为敏感了。味蕾在不断的挑逗和历练之下，越来越能品赏生活中的诸多美味。你会发现酒类、茶类、咖啡与雪茄有着异曲同工之处，你会更容易了解葡萄酒、咖啡与各种茶饮的妙处，爱上品鉴这件事，随后进入更多的社交圈和朋友圈。

你也将越来越能体会安静、平和的惬意，越来越知道如何卸下压力、享受和放松。你还会越来越尊重和享受仪式感，找到更多美

“雪茄与我写作的节奏相符合。”

—— 阿来，中国当代作家

好的生活方式，在精致生活中品悟出更多快乐。最重要的是，你的心态会越来越好，正能量会越来越多，越来越珍惜当下的幸福感，这让你的性格得到了重新塑造，你会拥有一个吸引人的气场，身边的朋友将会越来越多。

爱上雪茄，只是一扇发现美好事物的窗，一扇通往美好世界的门。如果单单只迷恋雪茄，免不了乏味，生活的丰富多彩需要我们用心去探索和发现。

这让你的性格得到了重新塑造，你会拥有一个吸引人的气场，身边的朋友将会越来越多。

第 65 条规则

更多的人开始喜欢雪茄

五百多年前，雪茄被带入欧洲，之后就成了一种奢侈品，它只在宫廷和权贵阶层流通，直到 17 世纪才逐渐开始进入一部分平民的生活。在过去的几百年中，雪茄从未像今天这样得到普及，现在我们的环境和经验告诉我们：身边总有几个朋友是雪茄客！

雪茄消费者群体在快速增长，这一点在中国更加明显。一、二线城市的专业雪茄店正在以倍数增长，三线城市也开始出现富有格调的雪茄店。不仅如此，你甚至可以在酒吧、咖啡厅、餐厅、私人俱乐部、艺术中心、游艇会、银行的 VIP 客厅等地看到雪茄的身影，强大的需求让雪茄变得无处不在。

这种趋势还会继续很长一段时间，越来越多的雪茄客成长起来，越来越多的人开始喜欢雪茄。还有一项研究表明，许多人戒掉了卷烟，却喜欢上了雪茄。

强大的需求让雪茄变得无处不在。

第 66 条规则

雪茄客正在掌控世界

毋庸置疑的是，雪茄从一开始就是精英阶层的身份象征。19 世纪初，随着西班牙国王费迪南德七世的一纸法令，雪茄的身份在法律上得到了正式认可。二战后，以英国首相丘吉尔为首的一批雪茄客的出现，使得雪茄与高贵、勇猛、顽强等特质紧密结合在一起，手持一根上好雪茄成了身份的代名词，也成了男性阳刚之气的标志之一。

从过去到现在，从政界、商界到文化界，喜爱雪茄的各界领袖更是数不胜数。英国浪漫诗人雪莱、共产主义的缔造者马克思、印度文豪泰戈尔、大科学家爱因斯坦、伟大领袖毛泽东等等，无一不是雪茄的酷爱者。

对于今天的雪茄来说，也正在经历着一个充满变化的新时代，雪茄客的数量正在以惊人的速度在全球范围内增长。这种增长让我们明显感觉到：抽雪茄已经不再是一件可望而不可即的事情，它完全不限制你的行业、经历、性别、教育背景和财富储备。我们可以轻易地在各行各业、各种背景的人群中找到雪茄客，政商界、文艺界、学术界、时尚界……雪茄爱好者无处不在。

这为我们提供了另一个看待雪茄的视角：雪茄客正在迅速崛起，

B.W.C

并已经在全世界建起了一个以雪茄为核心的网络，雪茄客正在掌控世界！

通过手中的雪茄，你可以和来自各个行业、各种阶层的人交往，获取你过去很难了解的信息、很难掌握的资源。雪茄是支点，也是枢纽；雪茄是友谊，也是资源。毫不夸张地说，雪茄连接了全世界。雪茄的世界是当代社会的一个缩影，在一支支优质雪茄的推动下，世界也正在向更阳光、更美好的方向前进。

雪茄的普及以及雪茄客群体的扩大，对于人类社会的影响是积极的。不可否认的是，绝大多数雪茄爱好者都是社会各界的精英人士，他们是人类社会发展与进步的重要力量。

雪茄是支点，也是枢纽；雪茄是友谊，也是资源。毫不夸张地说，雪茄连接了全世界。

第 67 条规则

好的雪茄或许很贵，但没有它你会更穷

雪茄或许贵一点，但它是可以负担的奢侈。很多口碑不错的雪茄都具有超高的性价比，但确有相当一部分极品雪茄是高价的奢侈品；在中国市场，单支价格超过 300 元人民币的雪茄比比皆是。在全球市场，单支雪茄零售价格超过 2000 美金的也不是什么稀罕事。

品鉴和收藏一支完美的雪茄会让你的精神世界更加丰富。好的雪茄也能令你在雪茄的社交圈中成为备受重视的人，事实上，其他人会以你所拥有的雪茄来判断你的内涵与背景。雪茄在社交和事业上是一个锦上添花的媒介，不仅能够带来精神的富足，而且常常能够带来意想不到的额外收获。你千万不要认为一支好的雪茄花了你太多的钱，事实是，没有它们，你反而会更穷。

雪茄在社交和事业上是一个锦上添花的媒介，不仅能够带来精神的富足，而且常常能够带来意想不到的额外收获。

如果已经在尝试和收集一些上等的优质雪茄，你很快就会发现，买下它们并没有让你变得更穷，反而带来了更多你所需要的东西。另一个事实是，只要储存得当，你收藏的雪茄，每年还能够至少给你带来 10% 以上的增值收益。

第68条规则

年轻一代逐渐开始成为雪茄消费的主流人群

热爱雪茄的群体正在越来越年轻化。过去，我们已经习惯把雪茄客的形象想象为一个40岁以上成功且稳健的男士。今天，这种固有印象正在被打破，二十几岁到三十多岁的年轻一代才是雪茄消费大军的主流。

雪茄所标榜的健康、阳光、自由的生活方式，正在吸引越来越多的年轻人，同时，年轻人的参与也在改变着雪茄行业的格局和创新。时尚型的雪茄、拥有个性化外观的雪茄、有多种风味的多地区混合烟叶型雪茄，成为新一代雪茄爱好者们的宠儿。目前，这些明显的喜好正引导着全球雪茄行业进行变革。

这种固有印象正在被打破，如今二十几岁到三十多岁的年轻人才是雪茄消费大军的主流。

不仅是产品的改革，营销方式也在改变。年轻人不再一味重视繁缛的雪茄礼节，也不再拘泥于只在专业雪茄吧抽雪茄，老派传统的体验方式不能再进一步满足年轻雪茄客追求个性、简单、活力的需求。让雪茄出现在更多不同类型的场所，让品鉴变得更轻松，在雪茄吧、在酒吧、在茶楼、在户外、在一切可能的场所，雪茄消费的场景更加多元化，消费的文化元素更加多样化，利用互联网新媒体、自媒体等多种形式传播雪茄文化，已是雪茄行业发展的新趋势。

第 69 条规则

中国雪茄改变世界雪茄版图

雪茄是发现新大陆的成果之一，也是殖民主义、不平等全球贸易的产物。在殖民时代，雪茄是一种战略资源，与很多大事件、大变革都有着千丝万缕的关联。在很长一段时间内，雪茄消费的版图是以美国为首的西方国家为主，如今时代更迭，随着中国综合国力的不断增强和雪茄行业的长足进步，世界雪茄版图也正在发生着既微妙又巨大的改变。

中国是驱动这种改变的核心力量。在这场雪茄行业革命中，中国显露出三个无与伦比的优势：一、市场体量巨大；二、生产潜力巨大；三、专业力量巨大。

中国有 14 亿人口，其中烟民比例占到 2/7，拥有世界上最大的潜在雪茄市场和发展空间。中国主要城市的雪茄消费群体近年来甚至实现了倍数以上的年增长率！

很长一段时间以来，烟叶原料是中国雪茄行业的短板，但如今这个不足也正在被迅速弥补，随着四川什邡、海南、云南、湖北等地雪茄烟叶基地的兴起，中国的原料不再仅仅依赖于进口，有了更

多选择。位于四川什邡的长城雪茄厂目前是世界最大的单体雪茄工厂，也是中国雪茄生产企业中的龙头企业，优质手工雪茄年生产能力超过 2000 万支。此外，安徽、山东以及湖北的雪茄工厂也都在进行提高产能的升级改造，预计未来 5 年之内，中国优质手工雪茄的产量将超过 1 亿支。

在过去的十年中，通过交流学习、组织培训、编撰专业教材等方式，中国烟草培养了一大批雪茄行业的专业人才，具备了集中力量、快速发展的能力，这一点是其他国家难以效仿和超越的。

支撑以上三点的基础，最关键的是中国雪茄日益上升的品质。近几年来，中国手工雪茄的高品质和高价值已经成为欧美市场关注的焦点。长城雪茄的多款产品在国际评分中都获得了极好的成绩与赞誉，《雪茄期刊》（*Cigar Journal*）在推荐长城（GL1 号）时甚至给出了完美评价：“这是一根无可挑剔的极品雪茄！”寻找来自中国的雪茄，也成了欧美雪茄爱好者近两年来最热门的话题之一。

中国雪茄正在并必然改变世界雪茄的版图，无论在原料供给、

“雪茄不只是外交国礼，更是文化产品和生活方式。”

——张拓，中国原驻古巴共和国大使

生产能力还是在文化传播、消费市场上，中国都已经改变了世界雪茄格局。这种改变与中国综合国力和国际影响力的上升息息相关，这是中国人百年奋斗的胜利，也是中国雪茄的胜利。

在这场雪茄行业革命中，中国显露出三个无与伦比的优势：一、市场体量巨大；二、生产潜力巨大；三、专业力量巨大。

雪茄新规则 THE NEW RULES OF CIGAR

<<<< 附记

光荣与梦想——中国雪茄发展简史

中国雪茄从诞生的那一天起，就有着明显的、独特的地域风格，它的风味、文化和消费习惯自成体系，不仅是“中国制造”，更体现“中国特色”。经过多年的发展，它逐渐成为全球雪茄版图中的一个新体系，成为国际雪茄大家庭中的重要组成部分。

雪茄传入中国的时间尚无确凿记述。最早是明朝1611年左右，《露书》曾记载：“吕宋国出奇草，名醺。能令人醉，且可辟瘴气。”吕宋国即今菲律宾吕宋岛一带，湿热多瘴，以盛产优质雪茄烟叶闻名于世，故有“吕宋烟”之名。实际上“吕宋烟”是明朝正德年间经葡萄牙人传入广西合浦的，那时候的吕宋烟还仅指烟叶。

清乾隆十六年（1751），印光任和张汝霜在《澳门纪略》卷下中记载道：“烟草可卷如笔管状，燃火，食而吸之。”据说这种“可卷如笔管状”的烟草就是雪茄。当时广东一些生产烟草制品的地区，如廉江、鹤山、新会、清远、南雄、大埔等地，都有将烟叶片卷成笔管状抽吸的习惯（当时俗称叶卷烟）。

雪茄最初的来源主要依靠进口，但后来随着抽雪茄的人越来越多，在沿江沿海商贸发达的城镇便开始兴起一批小规模的雪茄生产作坊。据相关文献记载，光绪二十一年（1895），四川省中江县烟

“烟草可卷如笔管状，燃火，食而吸之。”

——《澳门纪略》（1751）

商吴甲山、游福兴合伙创建了一个手工雪茄作坊，自产自销。同年10月，郑馥泉、杨星门、杜杰卿等广东商人在上海英租界三马路口组建了以销售雪茄为主的永泰栈，该栈在菲律宾设有泰记烟厂，利用当地烟叶制造绿树牌和真老头牌雪茄，运抵上海销售。光绪二十五年(1899)春，广东商人在湖北省宜昌开办茂大卷叶烟制造所，开始从事有规模的雪茄生产。

进入20世纪，从事雪茄生产的工厂逐渐增多。如光绪二十八年（1902）成立的上海人和雪茄烟有限公司、光绪二十九年（1903）成立的兖州琴记雪茄厂、光绪三十一年（1905）成立的广州烟草公司等等。早期的雪茄工厂多聘请外国技师，使用进口烟叶，生产花色雪茄，商标也模仿进口雪茄的样式。

随着雪茄需求量的不断增大，为降低成本，一些雪茄厂开始使用国产烟叶。光绪三十三年（1907），广东新会县人创办的一家雪茄厂，“挑选本处驰名烟叶，如法炮制”雪茄，每盒60支装，售价洋银9角5分。同年，长期经营四川晾晒烟的云南省昆明铨盛祥商号，取积压已久的二等烟切丝作芯，用金堂头烟穿皮（茄衣），制作70×12毫米10支装的福寿牌雪茄，每包滇币1元(合银币1角)。由于该雪茄价格低、销路好，铨盛祥迅速扩大作坊，雇用50余人，日产福寿雪茄5箱（万支/箱，下同）左右。宣统三年（1911），山东兖州人刘长生创办大中号，以当地贡品皇城园烟叶生产桂花、荣花两种牌号，据说品质胜过吕宋烟，而且价格便宜，曾在济南、上海、北京三次工商业赛会上获奖。从那以后销路继续扩大，从事生产制作雪茄的手艺人不断增加，国内开始形成有规模的家庭式雪茄产业。

20世纪初，四川的什邡、中江都建有规模较大的雪茄厂。同时浙江地区也开始生产雪茄，主要分布在丽水、嘉兴、温州、衢州等地。这一阶段，中国雪茄产业曾出现空前繁荣的局面。除了消费者增多的因素之外，另一个重要因素是第一次世界大战爆发，西方国家忙于战争，国外雪茄产品进口锐减，民族资本雪茄厂纷纷设立，仅广州及附近兴办的大小雪茄烟厂就达到100多家，它们多数由原来的烟丝加工厂改建或扩建而成。而上海一地，则有福记、万利、永通、吕宋、南方、华利、老裕泰、上林等20余家。四川什邡、中江一带，更是有数百家雪茄作坊每日源源不断地为国内市场供应着雪茄。

这其中影响力最大的是益川工业社。民国七年（1918），在四川诞生了一个雪茄作坊。在这一年，一个叫作王叔言的什邡人举家迁往成都科甲巷，安定下来后，他便和妻子在家试着手工卷制雪茄。

很快，王家作坊就制作出了一种两头小、中部大，形状类似于青果或是栀子花苞的雪茄，这种雪茄随即在成都市场上限量出售，销量很好，从未有积压的存货。当时甚至有这样一种说法，在成都街头巷尾流传开来，叫作："有钱人抽栀子花，无钱人捡烟锅巴。"

五年后，这个雪茄作坊被王叔言迁回老家什邡，正式命名为益川工业社，也就是今天长城雪茄厂的前身，是中国第一家真正意义上的现代雪茄工厂。不夸张地说，益川工业社算是开创了一个中国雪茄的新时代。在益川工业社之前虽然也有不少雪茄厂，不过这些雪茄厂在历史上的地位与规模远不及它。

之后由于中国战乱频繁、经济低迷，雪茄产业开始进入一个漫长的艰难发展期，在缝隙中寻求生存；虽然中华人民共和国成立后也出现过著名的雪茄 132 小组，但由于国情和消费习惯，中国从本质上还是没有真正建立起属于自己的雪茄文化，雪茄也从没有成为国人广泛接纳的一种生活方式。

很多人可能对此有一个疑问：近代中国，在雪茄发展的鼎盛时期雪茄工厂有一百多家，为什么发展到了今天，国内仅剩下四家专业雪茄工厂了呢？其实，这背后的主要原因是经过多年来国内雪茄市场的大浪淘沙，大量规模较小、经营困难的雪茄厂逐步被淘汰。同时，2004 年烟草行业实施工商分离和兼并重组，省级烟草工业企业仅保留 17 家，剩余为数不多的雪茄工厂又面临再次关闭或重组。还有一个重要的因素，随着中式卷烟的广泛普及，其口感、价格、包装设计被大部分国内消费者认可，国内消费者逐步养成了中式卷烟的吸食习惯，中式卷烟的市场份额保持在 99% 以上，曾经一度流行的混合型卷烟、雪茄烟在国内市场的发展受到了严重影响，市场不断萎缩。不仅如此，大量走私、假冒的雪茄趁机充斥市场，在很长时间内一度实际成为国内雪茄市场的主流，严重扰乱了国内雪茄市场的正常秩序。国家烟草专卖局为了保证国产雪茄能够持续、健康、稳定发展，减少无序竞争，经过充分论证和研究，仅对国内雪茄生产、技术和品牌等实力最强的四川、安徽、湖北和山东四家工业公司颁发了雪茄生产的许可，从此以后，这四家雪茄厂就成了当今中国雪茄产业的发展基石和中流砥柱。

雪茄新规则 THE NEW RULES OF CIGAR